T0232382

Nachtragsmanagement bei gestörten Bauabläufen

Steffen Ahting

Nachtragsmanagement bei gestörten Bauabläufen

Mehrkosten sicher ermitteln

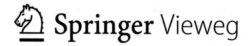 Springer Vieweg

Steffen Ahting
Oldenburg, Niedersachsen, Deutschland

ISBN 978-3-658-30514-7   ISBN 978-3-658-30515-4   (eBook)
https://doi.org/10.1007/978-3-658-30515-4

Die Deutsche Nationalbibliothek verzeichnet diese Publikation in der Deutschen Nationalbibliografie; detaillierte bibliografische Daten sind im Internet über http://dnb.d-nb.de abrufbar.

© Der/die Herausgeber bzw. der/die Autor(en), exklusiv lizenziert durch Springer Fachmedien Wiesbaden GmbH, ein Teil von Springer Nature 2020
Das Werk einschließlich aller seiner Teile ist urheberrechtlich geschützt. Jede Verwertung, die nicht ausdrücklich vom Urheberrechtsgesetz zugelassen ist, bedarf der vorherigen Zustimmung des Verlags. Das gilt insbesondere für Vervielfältigungen, Bearbeitungen, Übersetzungen, Mikroverfilmungen und die Einspeicherung und Verarbeitung in elektronischen Systemen.
Die Wiedergabe von allgemein beschreibenden Bezeichnungen, Marken, Unternehmensnamen etc. in diesem Werk bedeutet nicht, dass diese frei durch jedermann benutzt werden dürfen. Die Berechtigung zur Benutzung unterliegt, auch ohne gesonderten Hinweis hierzu, den Regeln des Markenrechts. Die Rechte des jeweiligen Zeicheninhabers sind zu beachten.
Der Verlag, die Autoren und die Herausgeber gehen davon aus, dass die Angaben und Informationen in diesem Werk zum Zeitpunkt der Veröffentlichung vollständig und korrekt sind. Weder der Verlag, noch die Autoren oder die Herausgeber übernehmen, ausdrücklich oder implizit, Gewähr für den Inhalt des Werkes, etwaige Fehler oder Äußerungen. Der Verlag bleibt im Hinblick auf geografische Zuordnungen und Gebietsbezeichnungen in veröffentlichten Karten und Institutionsadressen neutral.

Planung/Lektorat: Karina Danulat
Springer Vieweg ist ein Imprint der eingetragenen Gesellschaft Springer Fachmedien Wiesbaden GmbH und ist ein Teil von Springer Nature.
Die Anschrift der Gesellschaft ist: Abraham-Lincoln-Str. 46, 65189 Wiesbaden, Germany

Vorwort

Aufgrund von immer komplexer werdenden Bauvorhaben bei gleichzeitig immer enger gesetzten Terminplänen kommt es in der Baupraxis vermehrt zu Störungen des Bauablaufes. Solche Störungen treten immer dann auf, wenn nicht nach den ursprünglichen Planungen gearbeitet werden kann. Die Gründe hierfür sind zahlreich und können aus unterschiedlichen Verantwortungsbereichen hervorgehen. Um den wirtschaftlichen Erfolg der Maßnahme zu sichern und eine verantwortungsgerechte Kostenallokation herzustellen, kann die Seite, welche die Störung nicht zu verantworten hat, berechtigte Mehrkosten zurückfordern oder die Erstattung des entstandenen Schadens von der anderen Partei verlangen.

Für den Auftragnehmer wird dies immer dann interessant, wenn die Störung nicht in seinem Verantwortungsbereich liegt. Neben auftraggeberseitig entstandenen Störungen, können auch Fälle der höheren Gewalt kausal für eine Bauablaufstörung sein. Im März 2020 hat die Weltgesundheitsorganisation WHO die weltweite Ausbreitung von Covid-19 („Corona") zur Pandemie erklärt. Damit geht in diesem Fall die rechtliche Bewertung über das hinaus, was in den alljährlich üblichen „Grippewellen" rechtlich relevant ist.

Die Einstufung von sich unkontrolliert ausbreitenden Epidemien/Pandemien als Fall höherer Gewalt bedeutet, dass Bauunternehmen einen Anspruch auf entsprechende Bauzeitverlängerung haben, sobald die Krankheit auf der Baustelle zu einer Behinderung der Baufirma führt.

Der nachfolgende Leitfaden soll Architekten, Bauingenieuren, mittelständischen Unternehmen oder Selbstständigen helfen, eine dem geltenden Recht entsprechende und nachvollziehbare Methode anzuwenden, mit der Mehrkosten aus einer Bauablaufstörung kostenmäßig bewertet werden können.

Zu diesem Zwecke werden zunächst die Anspruchsgrundlagen bei VOB-Verträgen, die höchstrichterliche Rechtsprechung, die bestehende Fachliteratur, sowie baubetriebliche Gutachten der letzten Jahre untersucht. Betrachtet werden dabei der „Baustopp" als klassische Bauablaufstörung, die Bindefristverlängerung als Sonderfall und die Beschleunigung im Falle einer auftraggeberseitigen Anordnung.

Neben der Ermittlung der Mehrkosten wird eine mögliche Vorgehensweise zur Ermittlung der zusätzlichen Bauzeit, die sich durch die Störung des Bauablaufs ergibt, dargelegt. Dabei wird die Nachweisführung (Dokumentation) besonders betrachtet, da an diese sehr hohe Anforderungen gestellt werden.

Das Resultat dieses Werkes ist als eine Art Zusammenfassung der Mindestanforderungen gemäß der geltenden höchstrichterlichen Rechtsprechung und ein Ablaufschema – als Leitfaden für Architekten und Bauingenieure – zur Erfassung und kostenmäßigen Berechnung eines gestörten Bauablaufes.

Steffen Ahting

Inhaltsverzeichnis

Über den Autor

Steffen Ahting arbeitet in einer mittelständischen Bauunternehmung für Ingenieurbauwerke. Als Bauleiter ist er tagtäglich praxisnah im gesamten norddeutschen Raum auf Baustellen unterwegs und leitet die Geschicke mehrerer Brückenbauwerke.

Vor seiner Anstellung in der Bauwirtschaft war er an der Fachhochschule Münster im Fachbereich Bauingenieurwesen, Institut für Baubetrieb und Bauwirtschaft, angestellt.

Ebenfalls an der FH Münster konnte er erfolgreich sein Bachelor- und Masterstudium abschließen.

Noch einen Schritt weiter zurück in die Vergangenheit hat er selbst zahlreiche Praxiserfahrungen während seiner Lehr- und Gesellenzeit auf Hochbaubaustellen sammeln können.

Die Schwerpunkte seiner heutigen Tätigkeit liegen in der Abwicklung von Baustellen und umfassen dabei alle Aspekte des Qualitätsmanagements, sowie der Zeit-, Ablauf- und Kostenkontrolle. Damit einhergehend befasst er sich täglich mit Optimierungsmöglichkeiten von Bauabläufen, aber auch deren Störungen.

Im Zuge seiner beruflichen Aufgabenfelder bei bisher drei Baufirmen erwarb er fachliche Kompetenzen in der Baupraxis im Hoch- und Ingenieurbau, sowie im Brückenbau.

Einleitung

1

Hinweis: Alle Personenbezeichnungen im folgenden Text sind geschlechtsneutral zu verstehen. Aus Gründen der besseren Lesbarkeit ist die maskuline Schreibweise gewählt. Es wird ausdrücklich darauf hingewiesen, dass die feminine Form nicht bewusst übergangen wurde.

1.1 Bauablaufstörungen – eine Hinführung zum Thema

Stuttgart 21, der Flughafen Berlin Brandenburg BER, die Elbphilharmonie in Hamburg.

Drei prominente Beispiele für deutsche Großprojekte, die das öffentliche und mediale Bild von Baustellen und Bauabläufen in der Bundesrepublik nachhaltig beeinflussen und geprägt haben. Diskutiert werden insbesondere endlos scheinende Bauzeiten und explodierende Kosten.

Neben Planungsfehlern und politischen Fehlentscheidungen, die bei diesen Objekten eine große Rolle spielen, sind es oftmals Bauablaufstörungen, die den Baumaßnahmen einen zweifelhaften Ruf in der Öffentlichkeit eintragen.

Zu solchen Störungen kommt es aber nicht nur bei Großprojekten. Auch die Durchführung kleinerer Baumaßnahmen wird immer komplexer, bei gleichzeitig wachsendem Termin- und Kostendruck, sowie steigenden Ansprüchen an die Qualität. Gerade durch enge zeitliche Vorgaben, bei steigenden Qualitätsansprüchen, kommt es immer häufiger zu gestörten Bauabläufen. Zurückzuführen ist dies auf fehlende Pufferzeiten, die teilweise bereits in der Planungsphase gestrichen werden, um den Ansprüchen des Auftrages gerecht werden zu können. Wenig bis keine Pufferzeiten zwischen den einzelnen Vorgängen des Bauablaufes führen unweigerlich zu einem Anstieg der Störungen, da kleinere Unregelmäßigkeiten kaum mehr in der zur Verfügung stehenden Bauzeit

© Der/die Herausgeber bzw. der/die Autor(en), exklusiv lizenziert durch Springer Fachmedien Wiesbaden GmbH, ein Teil von Springer Nature 2020
S. Ahting, *Nachtragsmanagement bei gestörten Bauabläufen*,
https://doi.org/10.1007/978-3-658-30515-4_1

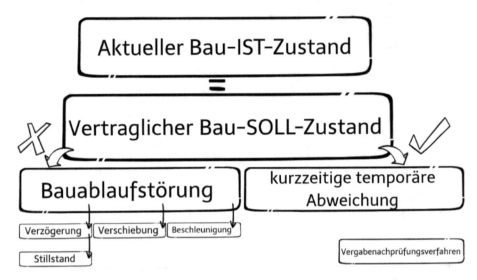

Abb. 1.1 Arten der Bauablaufstörungen

abgefangen werden können. Dies hat zur Folge, dass bereits geringste Abweichungen große Auswirkungen nach sich ziehen.

Eine Bauablaufstörung liegt immer dann vor, wenn von der eigentlich vertraglich festgelegten Soll-Leistung abgewichen werden muss, unabhängig davon, wer diese Abweichung zu vertreten hat. Kleinere temporäre Schwankungen bei der Ausführung, die auf der Baustelle innerhalb eines kurzen Zeitraums wieder dem Sollzustand angepasst werden können und bereits in der Kalkulation zu berücksichtigen sind, bleiben hiervon unberührt. Solche im Allgemeinen bereits in der Kalkulation erfasste Schwankungen können sich beispielsweise durch Regentage in der Schlechtwetterzeit oder durch kurzfristige Krankheits- oder Geräteausfälle ergeben.

In Abb. 1.1 werden die verschiedenen Arten von Bauablaufstörungen dargestellt. Der komplette Stillstand als Unterbrechung stellt eine Sonderform der Verzögerung dar. Eine weitere Sonderform, die in Abb. 1.1 nur der Vollständigkeit halber mit aufgeführt ist, ist das Vergabenachprüfungsverfahren[1], wodurch bereits die Vergabe verzögert wird. Diese ist insofern gesondert zu behandeln, als dass es durch eine Verlängerung der Bindefrist schon vor dem eigentlichen Beginn der Ausführungsarbeiten zu einem Stillstand kommt

---

[1]Seit 1999 ist es für Bieter möglich, ein Vergabenachprüfungsverfahren einzuleiten, wenn sie der Meinung sind, dass ihre Bieterrechte verletzt wurden. Die Zuschlagserteilung wird im Zeitraum des Verfahrens ausgesetzt und die Unternehmen um eine Bindefristverlängerung gebeten. Die Bindefrist ist die Frist für ein Unternehmen, bis zu welcher es sich an sein Angebot bindet. Im Normalfall wird vor dem Ablauf dieser Frist der Bauauftrag erteilt.

und der vorgesehene Baubeginn verschoben wird. In dieser Arbeit werden die Begriffe Vergabenachprüfungsverfahren und Bindefristverlängerung synonym verwendet.[2]

Neben den Problemen, die mit großen zeitlichen Verschiebungen der Baumaßnahmen einhergehen, können Störungen im geplanten Bauablauf die Beteiligten vor erhebliche finanzielle Schwierigkeiten stellen. Dabei kann die Seite, die die Störung nicht zu verantworten hat, berechtigte Ansprüche auf den Ersatz der Mehrkosten stellen, um den wirtschaftlichen Erfolg der Maßnahme zu sichern.

Für den Auftragnehmer wird dies immer dann interessant, wenn die Störung nicht in seinem Verantwortungsbereich liegt. Neben auftraggeberseitig entstandenen Störungen, können auch Fälle der höheren Gewalt kausal für eine Bauablaufstörung sein. Im März 2020 hat die Weltgesundheitsorganisation WHO die weltweite Ausbreitung von Covid-19 („Corona") zur Pandemie erklärt. Damit geht in diesem Fall die rechtliche Bewertung über das hinaus, was in den alljährlich üblichen „Grippewellen" rechtlich relevant ist. Vielmehr handelt es sich um ein von außen kommendes und keinen betrieblichen Zusammenhang aufweisendes, nicht voraussehbares und auch durch äußerste Sorgfalt nicht abwendbares Ereignis und entspricht damit der Definition des Bundesgerichtshofes von vergangenen Fällen zum Thema der höheren Gewalt.

Bei VOB-Verträgen ist im § 6 VOB/B das Problem der Behinderungen geregelt. § 6 Abs. 2 Nr. 1c VOB/B gibt vor, dass ein Anspruch auf Verlängerung der Ausführungsfristen besteht, wenn die Behinderung durch höhere Gewalt oder andere für den Auftragnehmer unabwendbare Umstände verursacht ist.

Zusammenfassend bedeutet die Einstufung von sich unkontrolliert ausbreitenden Epidemien/Pandemien als Fall höherer Gewalt, dass Bauunternehmen einen Anspruch auf entsprechende Bauzeitverlängerung haben, sobald die Krankheit auf der Baustelle zu einer Behinderung der Baufirma führt.

1.2   Zielsetzung

Der im Folgenden entwickelte Leitfaden soll einen Weg aufzeigen, die auftragsnehmerseitig durch Bauablaufstörungen entstehenden Mehrkosten nachvollziehbar und transparent zu berechnen und nachzuweisen.

Der gerichtsfest geführte Nachweis eines solch gestörten Bauablaufes erfordert einerseits großes baubetriebliches und andererseits ein ebenso wichtiges baurechtliches Fachwissen, um den, durch vorliegende Urteile des Bundesgerichtshofes (BGH) und verschiedener Oberlandesgerichte (OLG), vorgegebenen hohen Anforderungen an die Nachweisführung gerecht zu werden.

---

[2]Eine genauere Erläuterung sowie dazugehörende Besonderheiten und Schwierigkeiten folgen in Abschn. 3.4.4.

Daher sollen die juristischen und baubetrieblichen Grundlagen für die Erfassung und Berechnung der Mehrkosten durch einen gestörten Bauablauf zusammengestellt werden. Im Hinblick auf das Thema werden folgende Fragen untersucht:

- Hat der Unternehmer einen Anspruch auf die Erstattung von Mehrkosten sowie auf eine Bauzeitverlängerung durch eine Bauablaufstörung und wenn ja, auf welcher Grundlage?
- Wie können die Kosten aus gestörten Bauabläufen systematisch erfasst werden?
- Welche Kostenpunkte können auftreten?
- Wie sieht eine gerichtsfest geführte Dokumentation zum Nachweis der auftretenden Mehrkosten bei Bauablaufstörungen aus?
- Wie verhält sich ein mittelständisches Unternehmen im Falle einer Bauablaufstörung?

Aus der Beantwortung dieser Fragen resultiert eine Zusammenfassung der Mindestanforderungen, die die höchstrichterliche Rechtsprechung[3] aufgestellt hat. Darüber hinaus ist die Entwicklung eines Ablaufschemas – als Leitfaden für Unternehmen – zur kostenmäßigen Erfassung und Berechnung eines gestörten Bauablaufes entstanden.

Die nachfolgend aufgeführten Hilfestellungen gelten hauptsächlich für Auftragnehmer der öffentlichen Hand, aber auch für private Bauverträge. Grundlage für die Ausführungen ist die VOB, deren Vereinbarung bei den meisten Bauverträgen der Regelfall ist.

1.3   Vorgehensweise

Zunächst werden in Kap. 2 die baubetrieblichen und baurechtlichen Grundlagen für die Erfassung von Mehrkosten durch einen gestörten Bauablauf dargestellt. Nach einer Erläuterung über die Bedeutung der Bauzeit und einer Klassifizierung von Bauablaufstörungen in Verbindung mit einer Definition der Begrifflichkeiten „Störung", „Behinderung" und „Unterbrechung", werden die verschiedenen Anspruchsgrundlagen dargelegt. Bei den einzelnen Anspruchsgrundlagen werden die Voraussetzungen der Ansprüche auf Vergütung gemäß § 2 Abs. 3, § 2 Abs. 5 bzw. Abs. 6 der VOB/B, sowie den Anspruch auf Schadensersatz gemäß § 6 Abs. 6 der VOB/B und der Anspruch auf Entschädigung gemäß § 642 des BGB erläutert. Nach einem kurzen Überblick über die Anspruchsgrundlagen werden diese miteinander verglichen und eine Übersicht erstellt, anhand derer die Wahl einer Anspruchsgrundlage für den Einzelfall erfolgen kann.

---

[3]Unter höchstrichterlicher Rechtsprechung werden rechtskräftige Entscheidungen der obersten Instanzen zusammengefasst. In Deutschland ist dies vor allem der Bundesgerichtshof.

Im nächsten Schritt wird auf richtungsweisende Urteile der höchstrichterlichen Rechtsprechung eingegangen, ehe die Mindestanforderungen an den Nachweis aufgezeigt werden.

In Kap. 3 folgt der eigentliche Leitfaden als Hilfestellung für die zukünftige Aufstellung der Mehrkosten durch Bauablaufstörungen für die Bereiche der Verzögerung bzw. Unterbrechung, der Bindefristverlängerung und der Beschleunigung. Zusätzlich zu den Kosten ergibt sich auch ein Anspruch auf eine verlängerte Bauzeit. Diese wird zunächst in Abschn. 3.3 kategorisch ermittelt und dann im Rahmen der beschriebenen Punkte mitberücksichtigt, da sie, sowohl bei der Bindefristverlängerung, als auch bei der Unterbrechung, als kausale Folge der Störung zu betrachten ist, zu der es ohne eine Ablaufstörung nicht gekommen wäre.

Anhand der Erläuterungen des dritten Kapitels wird im Kap. 4 eine Arbeitsanweisung für weitere Fälle in Bauunternehmungen erstellt, ehe im Kap. 5 die wesentlichen Ergebnisse für die Erfassung der kostenmäßigen Bewertung eines gestörten Bauablaufes noch einmal abschließend zusammengefasst werden.

Baubetriebliche und baurechtliche Grundlagen

2

In diesem Kapitel wird zunächst die Bedeutung der Bauzeit für die einzelnen am Bau beteiligten Parteien dargelegt, bevor die verschiedenen Bauablaufstörungen klassifiziert werden. Zudem erfolgt eine Erläuterung zu den möglichen Anspruchsgrundlagen des Auftragnehmers für eine Erstattung von Mehrkosten aus einem gestörten Bauablauf. Dieser kann in dem Verantwortungsbereich des Auftraggebers liegen oder aus höherer Gewalt resultieren.

In einem weiteren Schritt wird auf die aktuelle Rechtsprechung des Bundesgerichtshofes eingegangen und die Mindestanforderungen dargelegt, die dieser an die Nachweis- bzw. Beweisführung stellt.

2.1 Die Bedeutung der Bauzeit

Die drei Grundsteine jedes Bauvorhabens sind: Kosten, Qualität und Zeit. Diese befinden sich naturgemäß häufig im Konflikt miteinander und werden daher oftmals als das magische Dreieck des Projektmanagements beschrieben. Da jedes Bauvorhaben einem Projekt gleicht, gilt dies auch unbeschränkt für die Baustelle.

Abhängig von dem jeweiligen Bauvorhaben sind für den Auftraggeber die einzelnen Punkte oftmals von unterschiedlicher Relevanz. Für private Bauherren stehen häufig die Kosten im Vordergrund. Größere Unternehmen, wie z. B. Energiekonzerne setzen hingegen vermehrt auf hundertprozentige Qualität, wohingegen es gerade bei Bauvorhaben der öffentlichen Hand die Bauzeit ist, die neben den Kosten am relevantesten ist. Einige Objekte, wie etwa Stadien für bestimmte Großveranstaltungen, müssen sogar zwangsläufig zu einem festgesetzten Termin fertiggestellt werden. Neben zeitlichen Zwängen durch terminliche Fixpunkte können auch steuerliche Gründe oder Finanzierungspläne auftraggeberseitig bestimmte Endtermine erfordern.

© Der/die Herausgeber bzw. der/die Autor(en), exklusiv lizenziert durch Springer Fachmedien Wiesbaden GmbH, ein Teil von Springer Nature 2020
S. Ahting, *Nachtragsmanagement bei gestörten Bauabläufen*,
https://doi.org/10.1007/978-3-658-30515-4_2

Die Bauzeit ist allerdings nicht nur für den Auftraggeber von großer Bedeutung. Auch der Auftragnehmer trifft spätestens in der Kalkulation konkrete Annahmen über die zeitlichen Phasen einer Baustelle, um die zeitabhängigen Kosten zu erfassen. So muss ein Unternehmer sein Personal, Material und Gerät disponieren, Nachunternehmerverträge abschließen und nicht zuletzt rechtzeitig für Anschlussaufträge sorgen, um wirtschaftlich arbeiten zu können.

Die Rahmenbedingungen für die Bauzeit werden dabei oftmals bereits in der Ausschreibungsphase durch den Auftraggeber festgelegt. So werden in der Ausschreibung erfahrungsgemäß häufig zumindest Start- und Endtermin verankert. Einige Auftraggeber gehen noch einen Schritt weiter und geben bestimmte Bauphasen und Zwischentermine als sogenannte Meilensteine vor. Im Zuge der Angebotsbearbeitung ist es dann Sache des Bieters, diese Termine aufzunehmen, in kleinere Abschnitte zu gliedern und sein Angebot darauf auszulegen. Sobald folglich ein Bauvertrag geschlossen wird, wird i. d. R. auch ein Terminplan, in Form eines Bauzeitenplanes, vertraglich bindend vereinbart. Dieses zeitliche Konzept steht danach als Grundstein für alle weiteren Planungen zur Verfügung und sollte daher auch Angaben zur technischen Bearbeitung, Liefer-/ Bestell- sowie Vorlauffristen und weitere Angaben etwa zur Planfertigstellung enthalten.

Durch die vertragliche Bindung an den entwickelten Bauzeitenplan schuldet der Auftragnehmer dem Auftraggeber „nicht nur die mangelfreie Herstellung des Bauwerks oder seiner Bauleistung, sondern gleichrangig daneben auch die fristgerechte Fertigstellung des Bauwerks" [1]. Sowohl die mangelfreie Herstellung als auch die fristgerechte Fertigstellung sind rechtlich als gleichrangig anzusehen, wie anhand der §§ 4 Abs. 7 und 5 Abs. 4 VOB/B deutlich wird. Hiernach kann der Auftraggeber sowohl bei mangelhafter Herstellung, als auch bei Verzug Schadensersatz geltend machen.

Da die gesamte Baustelle während der Ausführung Personal, Geräte, Nachunternehmer und weitere Hilfsmittel bindet, verursacht sie tägliche Kosten, die durch die erbrachte Leistung und die hierfür vereinbarten Preise erwirtschaftet werden müssen. Hinzu kommen allgemeine Geschäftskosten, die baustellenunabhängig als fixe Kosten in jeder Firma anfallen. Die Erwirtschaftung dieser Kosten ist nicht selten bereits bei planmäßigem Verlauf der Abläufe eine große Herausforderung für Unternehmen. Kommt es nun zu einer Störung im geplanten Ablauf, sei es durch eine Verzögerung, einen Baustopp/Stillstand, einer Beschleunigung oder durch einen anderen Grund, kann dies nicht ohne Weiteres abgefangen werden und führt unweigerlich zu Mehrkosten.

Eine weitere große Bedeutung hat die Bauzeit im Hinblick auf den Einkauf von Materialien und Nachunternehmerleistungen. Verschiedene Jahreszeiten bedingen unterschiedliche Materialpreise und Auslastungen. Wie sich aus Abb. 2.1 ergibt, variieren etwa die Preise für Betonstahl monatlich, sodass sich bei einer Verschiebung der ursprünglich geplanten Bauzeit erhebliche Mehr- und Minderkosten ergeben können.

---

[1]Vygen et al. (2002), S. 4, Rdn. 3.

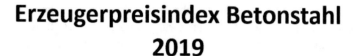

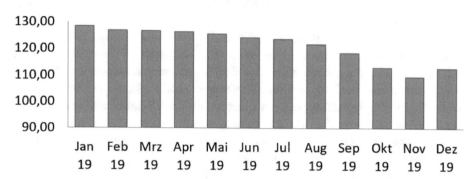

Abb. 2.1 Erzeugerpreisindex Betonstahl. (Nach den Angaben des Statistischen Bundesamtes 2020) (Die Abb. 2.1 richtet sich nach dem Index der Erzeugerpreise gewerblicher Produkte (Inlandsabsatz – Betonstahl) und bildet diesen ab. Es handelt sich nicht um den Preis pro Tonne.)

Ähnliche Schwankungen ergeben sich bei Nachunternehmerleistungen. Ist eine geplante Leistung z. B. für den Winter vereinbart, verschiebt sich nun aber aufgrund einer Bauablaufstörung in die Sommermonate, kann die Leistung aufgrund der regelmäßig höheren Auslastung im Sommer teurer werden, sodass bei dem Auftragnehmer Mehrkosten entstehen würden. Umgekehrt können Leistungen auch teurer werden, wenn eine Verschiebung in die Wintermonate erfolgt. Mehrkosten im Winter ergeben sich beispielsweise durch aus witterungsbedingten Ausfällen bzw. einer jahreszeitlich bedingten geringeren Produktivität.

Eine genaue Aufgliederung der Mehrkosten, die entweder durch eine Verlängerung resp. Verkürzung[2] oder durch eine Verschiebung der Bauzeit in späteren Zeitraum entstehen können, folgt im Zuge des systematischen Kostennachweises durch den gestörten Bauablauf in Abschn. 3.4.

2.2 Klassifizierung von Bauablaufstörungen

Der wirtschaftliche Erfolg einer Baumaßnahme steht und fällt mit einer reibungslosen Abfolge der geplanten Schritte vom ersten Spatenstich bis zur Abnahme des Objektes. Jede eintretende Störung kann das Baustellenergebnis in Gefahr bringen, da

---

[2]Etwa durch eingeleitete Beschleunigungsmaßnahmen.

störungsbedingte Mehrkosten schnell sehr hohe Summen erreichen können. Welche Dimensionen das Thema der Bauablaufstörung erreicht, hat Heilfort untersucht. Aus einer Unternehmensbefragung ging hervor, dass in der Baupraxis rund 56 % der Vorhaben gestört waren.[3,4] Dabei entstehen Mehrkosten von 30–50 % der geplanten Kosten.[5]

Die Begriffe „Störung", „Behinderung" und „Unterbrechung" werden in der Literatur in unterschiedlichen Zusammenhängen genutzt und sind daher an dieser Stelle genauer zu definieren, damit das nachfolgend verwendete Verständnis hinreichend deutlich wird.

Kapellmann und Schiffers definieren Störungen „als unplanmäßige Einwirkungen auf den [...] vertragsgemäß geplanten Produktionsprozess".[6] Dabei wird zunächst nicht unterschieden, wer ursächlich für die Störung verantwortlich ist. Die Verantwortlichkeit kann demnach auch auf der Seite des Auftragnehmers vorliegen oder durch höhere Gewalt keiner Partei zugeordnet werden können.

Born versteht in seinen Ausführungen unter Bauablaufstörungen „unabhängig von der Verantwortlichkeit alle Störungen [...], die ein Abweichen vom ursprünglich vorgesehenen zeitlichen Ablauf der Baudurchführung bewirken, sei es, daß [sic] der vereinbarte Baubeginn verschoben, die Bauausführung ganz oder zum Teil behindert oder die Bauwerkserstellung unterbrochen wird."[7]

Die Ursachen von Störungen lassen sich grob in drei Verantwortungsbereiche untergliedern, die in Tab. 2.1 aufgezeigt werden.

Sobald eine Störung negative Folgen, z. B. eine terminliche Verschiebung nach sich zieht oder Mehrkosten auftreten, sprechen Kapellmann und Schiffers[8] von einer Behinderung. Heiermann et al. sehen als Behinderung alle Umstände, „die sich auf den vorgesehenen Leistungsablauf hemmend oder verzögernd auswirken."[9]

In § 6 Abs. 1 VOB/B heißt es:

- *„Glaubt sich der Auftragnehmer in der ordnungsgemäßen Ausführung der Leistung behindert, so hat er es dem Auftraggeber unverzüglich schriftlich anzuzeigen."*

Eine Behinderung im Sinne der VOB/B liegt damit dann vor, wenn die ordnungsgemäße Ausführung der Arbeiten durch den Auftragnehmer nicht oder nur beschränkt möglich

---

[3]Neuere Untersuchungen liegen dem Autor nicht vor, es ist aber davon auszugehen, dass sich der prozentuale Anteil der gestörten Bauabläufe aufgrund des gewachsenen Wissens zur Kostenaufstellung, gerade auf der Auftragnehmerseite, in den letzten Jahren weiter erhöht hat.

[4]Vgl. Heilfort (2001), S. 28.

[5]Vgl. Roquette et al. (2013), S. VII (Vorwort).

[6]Kapellmanns und Schiffers (2006), S. 546, Rdn. 1202.

[7]Born (1980), S. 45.

[8]Vgl. Kapellmanns und Schiffers (2006), S. 546, Rdn. 1202.

[9]Heiermann et al. (2011), S. 1001 (§ 6 VOB/B), Rdn. 2.

Tab. 2.1 Störungsursachen. (Ergänzt nach Dreier (2001), S. 6 ff, [ohne Anspruch auf Vollständigkeit])

Ursachen aus dem Verantwortungsbereich des Auftragnehmers (einschl. seiner Nachunternehmer, Lieferanten, etc.)	Ursachen aus dem Verantwortungsbereich des Auftraggebers und seiner Erfüllungsgehilfen	Ursachen außerhalb der genannten Verantwortungsbereiche
Fehlerhafte Arbeitsvorbereitung	Fehlende oder fehlerhafte Ausführungsunterlagen	Außergewöhnliche Witterungseinflüsse
Fehlerhafte Beurteilung des Bauvorhabens bzw. des Bauvertrages und dessen Risiken	Fehlende oder fehlerhafte Genehmigungen	Streik
Fehlerhafte Baustelleneinrichtung	Unwirksame Vertragsklauseln	Sämtliche Einwirkungen aus „höherer Gewalt"
Zu wenig oder falsches Gerät bzw. Geräteausfall	Unzureichende Planbeistellungen	
Mangelhafte Bau-/Projektleitung bzw. schlechte Baustellen- und Nachunternehmerbetreuung	Nachträgliche Erhöhung der Ausführungsqualitäten oder erhebliche Mengenänderungen	
Unqualifiziertes oder zu wenig verfügbares Personal	Mangelhafte Bauüberwachung	
Lieferschwierigkeiten (bei Baustoffen)	Eingriffe in laufende Bauverfahren	
Zu späte Beauftragung von Nachunternehmerleistungen	Verspätete Fertigstellung von Vorunternehmerleistungen	
Mangelhafte Arbeitsausführung	Störungen durch Dritte	
	Änderung des Bau-Solls	

ist. Allerdings gelten nach § 6 Abs. 2 Nr. 2 VOB/B Witterungseinflüsse während der Ausführungszeit, mit denen bei Abgabe des Angebots normalerweise gerechnet werden müsse, nicht als Behinderung. Gleiches gilt für Krankheitsfälle, die im Rahmen der jährlichen Erkältungs- bzw. Grippewelle auftreten.

Umstände mit denen der Auftragnehmer bei Angebotsangabe zu rechnen hatte, stellen damit keine Behinderung im Sinne der VOB/B dar.

Dreier[10] geht sogar noch einen Schritt weiter und trennt den Begriff in einen juristischen und einen baubetrieblichen Aspekt. Vor dem rechtlichen Hintergrund ist eine Behinderung demnach eine nähere Eingrenzung der Störung und streng mit dem Schadensersatz nach § 6 Abs. 6 VOB/B verbunden. Baubetrieblich stehen eher die Abläufe auf der Baustelle im Vordergrund. Sobald in diese eingegriffen wird, z. B. durch

---

[10]Vgl. Dreier (2001), S. 9 ff.

zusätzliche oder geänderte Leistungen gemäß § 2 Abs. 5 oder Abs. 6 VOB/B, ist dies eine Störung, die zu einer Behinderung führen kann.

Diese unterschiedliche Sichtweise des Begriffes ist allerdings zu diskutieren, da beispielsweise geänderte Leistungen nicht zwangsläufig zu einer längeren Bauzeit oder Mehrkosten führen müssen, was, nach Meinung des Verfassers, im Sinne der Definition von Kapellmann/Schiffers, eine Voraussetzung für eine Behinderung sein müsste.

Wird im weiteren Verlauf von einer Störung (oder Bauablaufstörung) gesprochen, ist damit eine Störung mit finanziellen und zeitlichen Auswirkungen auf den ursprünglich geplanten Bauablauf gemeint. Der Begriff der Behinderung wird wie in § 6 Nr. 6 VOB/B verwendet, meint also, dass die ordnungsgemäße Ausführung der Arbeiten durch den Auftragnehmer nicht oder nur beschränkt möglich ist (unter Ausschluss der einzukalkulierenden Umstände). Dies gilt ebenso für Ansprüche aus § 642 BGB.

Eine Unterbrechung liegt nach Ingenstau/Korbion dann vor, wenn der Bauablauf so weit gestört bzw. behindert wird, dass die geplanten Ausführungen zeitweise nicht mehr möglich sind, da die Unterbrechung „bereits nach dem allgemeinen Sprachgebrauch über den der Behinderung hinaus [geht, und einen] Arbeitsstillstand bei der Leistungsdurchführung"[11] voraussetzt. Ein Sonderfall der Unterbrechung ist die Verschiebung des Baubeginns, die z. B. bei einer Bindefristverlängerung[12] oder bei nicht vorliegender Ausführungsplanung (solange diese dem Auftraggeber obliegt) eintreten kann.

2.3   Sonderfall „Höhere Gewalt"

Einen Sonderfall der Bauablaufstörung beschreibt die höhere Gewalt.

Mit seinem Urteil VII ZR 172/86 vom 12.03.1987 hat der BGH zu einem Fall des Reiserechts geurteilt, was unter höherer Gewalt zu verstehen ist. Hier heißt es, „dass höhere Gewalt ein von außen kommendes, keinen betrieblichen Zusammenhang aufweisendes, auch durch die äußerste vernünftigerweise zu erwartende Sorgfalt nicht abwendbares Ereignis"[13] ist. Darüber hinaus darf das eintretende Ereignis z. B. in Bezug auf seine Eintrittswahrscheinlichkeit bzw. -häufigkeit, nicht einzukalkulieren sein. Im Unterschied zu anderen Bauablaufstörungen hat im Falle höherer Gewalt keine Vertragspartei die Umstände verschuldet.

Der Fall der höheren Gewalt ist in § 6 Abs. 2 Nr. 1c VOB/B geregelt. Hier heißt es:[14]

- *„Ausführungsfristen werden verlängert, soweit die Behinderung verursacht ist [...] durch höhere Gewalt oder andere für den Auftragnehmer unabwendbare Umstände."*

---

[11]Ingenstau und Korbion (2010), S. 1341, Rdn. 3.

[12]Vgl. Mitschein A. (1999), S. 69 ff.

[13]BGH-Urteil VII ZR 172/86 vom 12.03.1987.

[14]VOB (2019), Teil B § 6 Abs. 2.

Und weiter in § 6 Abs. 2 Nr. 2 VOB/B:[15]

- *„Witterungseinflüsse während der Ausführungszeit, mit denen bei Abgabe des Angebots normalerweise gerechnet werden musste, gelten nicht als Behinderung."*

Kommt es folglich bei Baustellen zu Behinderungen des Auftragnehmers aus Gründen, deren Ursache der höheren Gewalt zuzuordnen ist, hat der Auftragnehmer einen Anspruch auf entsprechende Bauzeitverlängerung, deren Berechnung in Abschn. 3.3 folgt.

Im Frühjahr 2020 hat sich das Virus Sars-CoV-2 bzw. die dazugehörige Krankheit Covid-19, besser bekannt unter dem Begriff „Corona" weltweit ausgebreitet und wurde im März 2020 von der Weltgesundheitsorganisation WHO als Pandemie, also als weltweit geltende und auftretende Seuche, eingestuft. Vor diesem Hintergrund sind zunehmend auch Bauunternehmen und deren Baustellen von Covid-19 betroffen.

Unter Betrachtung des oben genannten § 6 Abs. 2 Nr. 2 VOB/B ist in Krankheitsfällen zu beachten, dass beispielsweise Erkrankungen von einzelnen Beschäftigten, wie etwa bei einer „normalen" Grippewelle, einzukalkulieren sind und damit nicht den Anforderungen an § 6 Abs. 2 Nr. 1c VOB/B genügen. Vielmehr müsste ein Ausfall von Beschäftigten Ausmaße annehmen, die über ein kalkulierbares Maß hinaus gehen, um als höhere Gewalt eingestuft zu werden.

Ein solch unkalkulierbares Ereignis tritt bspw. ein, wenn weitgehende Quarantänemaßnahmen für die Mehrzahl der Beschäftigten ausgesprochen werden, Material- oder Lieferketten überregional ausfallen oder es zu unabsehbaren Beeinträchtigungen im Verhältnis zu eigenen Nachunternehmern kommt. Einzelne Fälle lokaler Quarantänemaßnahmen oder ein Nichteinsatz eines Arbeitnehmers als Vorsichtsmaßnahme reichen allerdings nicht aus, um als höhere Gewalt eingestuft zu werden. Anders verhält es sich, wenn mehrere Beschäftigte behördlicherseits unter Quarantäne gestellt oder gar ein Arbeitsverbot auferlegt wird.

Aktuell gibt es noch keine baurechtliche Rechtsprechung zu dieser Thematik. Mit Verweis auf das Reiserecht, ist davon auszugehen, dass Einschränkungen durch Covid-19 nicht allein in den Risikobereich des Bauunternehmens fallen. Betroffene Bauunternehmen sollten für jeden Einzelfall individuell dokumentieren wann es, durch welchem Umstand, zu welcher Behinderung gekommen ist und mit welchen Folgen zu rechnen ist. Vorsorglich und allgemein gefasste Behinderungsanzeigen dienen dem Bauherrn nur als Information und sind rechtlich nicht bedeutsam.

Anders verhält es sich wiederum, wenn der Auftraggeber aus Gründen einer Pandemie seiner Mitwirkungspflicht nicht nachkommen kann. In diesem Fall fällt die Behinderung in den Risikobereich des Bauherrn. Dies ist beispielsweise der Fall, wenn

---

[15]VOB (2019), Teil B § 6 Abs. 2.

der Auftraggeber (oder dessen Vertreter) für den Bauablauf unabdingbare Termine nicht einhalten kann oder etwa Vorleistungen nicht rechtzeitig erbracht wurden.

Bei Bauverträgen auf Grundlage des BGB kommt bei Fällen höherer Gewalt eine Störung der Geschäftsgrundlage in Betracht (§ 313 BGB) sowie gegebenenfalls auch Entschädigung während des Annahmeverzugs des Bauherrn (§ 642 BGB).

In jedem Fall ist eine sorgfältige Dokumentation der einzelnen Umstände wichtig, wenn es zu einer Behinderung durch höhere Gewalt kommt. Hierbei wird ein allgemeiner Hinweis auf Covid-19 nicht ausreichen. Vielmehr bedarf es Nachweisen in jedem Einzelfall und für jede Baustelle.

Da im Falle der höheren Gewalt kein Vertragspartner für die Störung verantwortlich ist, bedarf es in solcher Situation einer maximalen Transparenz und Kommunikation aller Vertragspartner über konkrete, baustellenbezogene Störungssachverhalte. Dies kann unter anderem bedeuten, dass gemeinsam eine baustellenbezogene Risikoabschätzung und Fortführungsbewertung geführt werden sollte.

Sobald es durch höhere Gewalt zu Bauablaufstörungen kommt, sind diese dem Vertragspartner schriftlich anzuzeigen. Dafür ist eine direkte, baustellenbezogene Kommunikation, in der Regel in Form eines Behinderungsschreibens nach § 6 Abs. 1 VOB/B, erforderlich.

Dabei bleibt zu beachten, dass derjenige Vertragspartner, der sich auf eine Behinderung durch die Umstände höherer Gewalt beruft, voll beweisbelastet ist. Auftragnehmer müssen demnach die Umstände der höheren Gewalt darlegen und beweisen bzw. nachvollziehbar begründen, warum und in welchem Umfang sie sich in der vorherrschenden Situation außerstande sehen, ihren Leistungspflichten weiterhin nachzukommen.

2.4 Anspruchsgrundlagen für Mehrkostenansprüche

Bauablaufstörungen können, wie in Tab. 2.1 (Abschn. 2.2) dargestellt ist, aus verschiedenen Einflussbereichen heraus entstehen. Die auftraggeberseitigen Störungsursachen sind in der Praxis auf drei Hauptursachen zurückzuführen. Zum einen kann der Auftraggeber im Sinne der vertraglichen Regelungen nach § 1 Abs. 3 und § 1 Abs. 4 VOB/B Anordnungen treffen, wodurch zusätzliche bzw. geänderte Leistungen entstehen. In einem solchen Fall ist eine Vereinbarung über die Vergütung der Leistung zu treffen bzw. der Auftragnehmer hat einen Anspruch auf besondere Vergütung nach § 2 Abs. 5 bzw. Abs. 6 VOB/B. Zum Zweiten kann es zu einer Behinderung gemäß § 6 VOB/B kommen. In diesem Fall kann von dem Vertragspartner, der die Behinderung nicht zu vertreten hat, Schadensersatz nach § 6 Abs. 6 VOB/B verlangt werden. Drittens kann es sich um eine Verletzung der Mitwirkungspflichten des Auftraggebers handeln. Dazu gehört auch der Fall, dass Vorunternehmerleistungen nicht rechtzeitig abgeschlossen werden. Der Auftraggeber gerät dann in Annahmeverzug[16] nach §§ 293 ff. BGB. Der Auftragnehmer kann dann eine angemessene Entschädigung nach § 642 BGB verlangen[17].

2.4.1 Vergütung gemäß § 2 Abs. 3, Abs. 5 und Abs. 6 VOB/B

Die VOB stellt ein Vertragswerk dar, welches die gegenläufigen Interessenlagen der Bauherrenseite und der Unternehmen berücksichtigen und in Ausgleich bringen soll.

Nach § 2 Abs. 3, 5 und 6 VOB/B hat der Auftragnehmer einen Anspruch auf zusätzliche Vergütung für Mehr-/Mindermengen und geänderte bzw. zusätzliche Leistungen. Diese Rechte des Auftragnehmers stellen das Gegenstück zu dem Leistungsanordnungsrecht des Auftraggebers aus § 1 Abs. 3 und Abs. 4 VOB/B dar, die es dem Auftraggeber erlauben, Anordnungen zu Änderungen des Bauentwurfes oder zu nicht vereinbarten, aber für die Bauausführung notwendigen Leistungen zu treffen.[18]

Mehr- oder Mindermengen gemäß § 2 Abs. 3 VOB/B ergeben sich während der Bauausführung von selber. Sie sind jedoch hier zu erwähnen, da sehr große Mehrmengen erhebliche Auswirkungen auf die Bauzeit haben können. Zudem kann in bestimmten Fallkonstellationen ein Anspruch auf Vereinbarung eines neuen Preises gegeben sein.

Sofern der Auftraggeber durch Änderungen des Bauentwurfs eine Änderung der im Vertrag vorgesehenen Leistung verlangt, muss er dies ausdrücklich anordnen.

Im § 2 der VOB/B heißt es in den Absätzen 5 und 6:[19]

- „(5) Werden durch Änderung des Bauentwurfs oder andere Anordnungen des Auftraggebers die Grundlagen des Preises für eine im Vertrag vorgesehene Leistung geändert, so ist ein neuer Preis unter Berücksichtigung der Mehr- oder Minderkosten zu vereinbaren. Die Vereinbarung soll vor der Ausführung getroffen werden."
- „(6) 1. Wird eine im Vertrag nicht vorgesehene Leistung gefordert, so hat der Auftragnehmer Anspruch auf besondere Vergütung. Er muss jedoch den Anspruch dem Auftraggeber ankündigen, bevor er mit der Ausführung der Leistung beginnt.
- (6) 2. Die Vergütung bestimmt sich nach den Grundlagen der Preisermittlung für die vertragliche Leistung und den besonderen Kosten der geforderten Leistung. Sie ist möglichst vor Beginn der Ausführung zu vereinbaren."

---

[16]In Annahmeverzug gerät der Auftraggeber dann, wenn er die angebotene Leistung des Auftragnehmers nicht annimmt, obwohl der Auftragnehmer die Leistung ordnungsgemäß anbietet. §§ 293 ff. BGB.

[17]Vgl. Bieber (2009), S. 12, Folien 23–24.

[18]Vgl. VOB (2019), Teil B § 1 Abs. 3 und Abs. 4.

[19]Vgl. VOB (2019), Teil B § 2 Abs. 5 und Abs. 6.

Unter der „Änderung des Bauentwurfes" sind „sämtliche Anordnungen, die die Art und den Umfang der vertraglich festgelegten Leistung betreffen"[20] zu verstehen. Der Begriff ist dabei nicht auf Planungsänderungen begrenzt.

Eine vom Vertrag abweichende Vergütung steht dem Auftragnehmer demnach immer dann zu, sobald sich die „Grundlagen des Preises für eine im Vertrag vorgesehene Leistung"[21] ändern oder eine zusätzliche Leistung durch den Auftraggeber gefordert wird.[22]

Bei Ansprüchen auf Vergütung durch eine zusätzliche Leistung nach § 2 Abs. 6 VOB/B sieht die VOB/B vor, dass der Auftragnehmer seinen Anspruch auf die Erstattung der aufgewendeten Mehrkosten vor Beginn der Arbeiten ankündigt.[23]

Eine entsprechende Regelung ist bei der Anpassung der Vergütung nach § 2 Abs. 5 VOB/B nicht vorgesehen. Allerdings ist geregelt, dass ein neuer Preis unter Berücksichtigung der Mehr- oder Minderkosten zu vereinbaren ist, möglichst bevor mit der Ausführung begonnen wird.[24] Durch diese vorher zu treffende Vereinbarung wird sichergestellt, dass Auftraggeber und -nehmer sich über die Mehrkosten verständigen. Eine Vereinbarung zwischen den Vertragsparteien setzt allerdings ebenfalls eine Verständigung über Mehrkosten voraus, die erfordert, dass der Auftragnehmer den Auftraggeber über etwaige entstehende Mehrkosten in Kenntnis setzt. Ähnlich sieht es auch Vygen. Er fordert, dass eine Ankündigung der Mehrkosten im Falle der Vergütungsanpassung nach § 2 Abs. 5 VOB/B erfolgen soll, wodurch nicht mehr unterschieden werden müsse, auf welchen der beiden Paragraphen sich die Vertragspartner berufen.[25]

Eine Differenzierung zwischen der geänderten und der zusätzlichen Leistung fällt aus baubetrieblicher Sicht insofern leichter, als dass dem Auftraggeber in beiden Fällen die Mehrkosten angemeldet werden und die Berechnung der Mehrkosten auf Grundlage des Preises bzw. der Preisermittlung[26], sprich der Urkalkulation, erfolgt. Da die Berechnung der Anspruchshöhe in beiden Fällen ähnlich ist, werden hier beide Punkte gemeinsam dargestellt. Vergütet werden nur die Mehr- oder Minderkosten auf Basis der Urkalkulation als Fortschreibung der Preisermittlungsgrundlage für die vertraglich festgelegten Positionen. Die tatsächlich anfallenden Kosten sind nicht maßgebend.[27]

Anordnungen vonseiten des Auftraggebers setzen eine aktive Handlung seinerseits voraus. Geht es um einfache geänderte oder zusätzliche Leitungen, die klar

---

[20]Fischer et al. (2001), S. 46.

[21]Vgl. VOB (2019), Teil B § 2 Abs. 5.

[22]Vgl. VOB (2019), Teil B § 2 Abs. 6.

[23]Vgl. VOB (2019), Teil B § 2 Abs. 6.

[24]Vgl. VOB (2019), Teil B § 2 Abs. 5.

[25]Vgl. Vygen et al. (2002), S. 140, Rdn. 187.

[26]Vgl. VOB (2019), Teil B § 2 Abs. 5 und Abs. 6.

[27]Vgl. Bieber (2009) S. 12 ff, Folien 23–26.

definiert sind, kommt es hierbei kaum zu Streitigkeiten. Der Auftraggeber wünscht eine Änderung, ordnet diese an, woraufhin der Auftragnehmer Mehrkosten anmeldet. Sofern der Auftraggeber diese akzeptiert, führt der Auftragnehmer die Anordnung aus und erhält im Gegenzug seine Vergütung.

Mehrkostenansprüche, die durch Bauablaufstörungen entstehen, gestalten sich komplexer. Hier ist zunächst zu überprüfen, ob eine Störung der Arbeiten aus einer Anordnung durch den Auftraggeber entstammt. Vygen ist der Meinung, dass dies im Allgemeinen zwar nicht der Fall sei, sobald Störungen aber ursächlich z. B. auf Änderungen des Bauentwurfs oder der technischen Ausführung zurückzuführen sind, diese nach § 2 Abs. 5 abzurechnen seien.[28]

Unter Änderungen des Bauentwurfs fallen auch alle Änderungen, die sich auf die vertraglich geregelten Rahmenbedingungen beziehen. Dies können sowohl Änderungen des Bauzeitenplans, als auch Änderungen der Statik oder anderer Pläne, die in dem Verantwortlichkeitsbereich des Auftraggebers liegen, sein, wie auch der BGH 2014 festgelegt hat:

- *„Die Regelung des § 2 Nr. 5 VOB/B kommt auch zur Anwendung, wenn die Verlängerung der Bauzeit auf eine Maßnahme des Auftraggebers zurückzuführen ist, die ihre Ursache in seinem Risikobereich hat. Diese Voraussetzung ist erfüllt, wenn sich die Bauzeit dadurch verzögert, dass der Auftraggeber die von ihm geschuldete Statik und die Planung nicht rechtzeitig vorlegt."*[29]

Eine weitere wichtige Entscheidung bezüglich Bauablaufstörungen hat der BGH im Jahr 2009[30] getroffen, in der es heißt, dass sich durch ein verzögertes Vergabeverfahren erstens zusätzliche Bauzeit ergäbe und zweitens, die durch die Verzögerung entstehenden Mehrkosten in Anlehnung an die Grundsätze des § 2 Nr. 5 VOB/B anzupassen seien. Dieses Urteil ist im Hinblick auf die Bindefristverlängerung als Sonderfall in Abschn. 3.4.4 von großer Bedeutung und wird dort ausführlicher behandelt.

Eine genauere Erläuterung der wichtigsten Urteile in Bezug auf Bauablaufstörungen folgt in Abschn. 2.5.1.

2.4.2   Schadensersatz gemäß § 6 Abs. 6 VOB/B

Während sich eine Vergütung rein auf die Mehr- oder Minderkosten auf kalkulativer Basis bezieht, geht es bei der Anspruchsgrundlage des Schadensersatzes nach § 6 Abs. 6

---

[28]Vgl. Vygen et al. (2002), S. 121, Rdn. 162.
[29]BGH-Urteil VII ZR 141/12 vom 08.05.2014
[30]Vgl. BGH-Urteil VII ZR 11/08 vom 11.05.2009.

VOB/B um die nachweislich entstandenen Mehrkosten durch eine Behinderung[31] oder Unterbrechung. § 6 Abs. 6 VOB/B lautet:[32]

- *„Sind die hindernden Umstände von einem Vertragsteil zu vertreten, so hat der andere Teil Anspruch auf Ersatz des nachweislich entstandenen Schadens, des entgangenen Gewinns aber nur bei Vorsatz oder grober Fahrlässigkeit. Im Übrigen bleibt der Anspruch des Auftragnehmers auf angemessene Entschädigung nach § 642 BGB unberührt, sofern die Anzeige nach Absatz 1 Satz 1 erfolgt oder wenn Offenkundigkeit nach Absatz 1 Satz 2 gegeben ist."*

Auf Rechtsfolgenseite ist nach § 249 BGB der Zustand herzustellen, „der bestehen würde, wenn der zum Ersatz verpflichtende Umstand nicht eingetreten wäre".[33] Es können demnach nach der sogenannten Differenztheorie alle Mehrkosten geltend gemacht werden, die in der störungsbedingten Ist-Situation mehr anfallen als in der hypothetischen Soll-Situation entstanden wären, wenn es nicht zu einer Störung gekommen wäre.[34]

Dies umfasst im Wesentlichen Stillstandskosten, zeitabhängige Mehrkosten, und allgemeine Geschäftskosten[35] für die gesamte Dauer der Behinderung. Die Erstattung des ausgebliebenen Gewinns sieht die VOB/B allerdings nur bei grober Fahrlässigkeit oder Vorsatz vor.[36] Für die Ermittlung der entstandenen Kosten können Rechnungen, z. B. für Gerätemieten oder von Nachunternehmern, herangezogen werden. Schwieriger wird es bei firmeneigenen Geräten und Materialien. In diesem Fall können Richtwerte gemäß der Baugeräteliste (BGL) angesetzt werden.

Damit Schadensersatzansprüche geltend gemacht werden können, müssen bestimmte Voraussetzungen erfüllt sein. Der Auftraggeber muss als Vertragspartner aufgrund einer schuldhaften Vertragsverletzung für die Störung des Ablaufes, die zu einer Behinderung mit zeitlichen und/oder finanziellen Folgen führt, verantwortlich sein, und der Auftragnehmer muss diese Behinderung gemäß § 6 Abs. 1 VOB/B anmelden, wobei eine Anmeldung bei Offenkundigkeit entbehrlich ist.[37] Zudem muss der Schaden nachweisbar auf die Störung zurückzuführen sein. Den Nachweis für das Vorliegen der Voraussetzungen hat der Auftragnehmer zu erbringen.

---

[31]Wie in Abschn. 2.2 beschrieben, liegt eine Behinderung immer dann vor, wenn es durch eine Störung zu negativen zeitlichen und/oder finanziellen Folgen kommt.

[32]VOB (2019), Teil B § 6 Abs. 6.

[33]BGB (2020), § 249 Abs.1.

[34]Vgl. Kumlehn (2004), S. 28.

[35]Vgl. Leineweber (2002), S. 135.

[36]Vgl. VOB (2019), Teil B § 6 Abs. 6.

[37]Eine Anmeldung der Behinderung ist nur entbehrlich, wenn Offenkundigkeit vorliegt. Weiterführend zum Begriff der Offenkundigkeit: Kapellmann und Schiffers (2006), S. 554 f, Rdn. 1221 f.

Tab. 2.2 Anforderungen an eine Behinderungsanzeige

Behinderungsanzeige	
Zeitpunkt	Unverzüglich
	Ohne schuldhaftes Zögern
	Sobald sich der Auftragnehmer behindert „glaubt"
	Ein Eintritt der Behinderung ist nicht notwendig
Form	Schriftlich, gem. § 6 Abs. 1 Nr. 1 VOB/B
Adressat	Auftraggeber bzw. dessen rechtlicher Vertreter
Inhalt	Tatsache und Wirkung
	Grund (Welche maßgeblichen Umstände sind bekannt?)
	Hindernde Wirkung (Was sind die Auswirkungen?)
	Voraussichtliche Dauer

Neben seinem eigenen Verschulden hat der Auftraggeber auch für das Verschulden seiner Erfüllungsgehilfen einzustehen.[38] Beispiele hierfür sind verspätete Planlieferungen oder verspätete Freigabe von Musterobjekten zu nennen, ohne die nicht weitergearbeitet werden kann. Hierzu zählen auch auftraggeberseitig bedingte Bauzeitverschiebungen[39] oder fehlerhafte bzw. unzureichende Gutachten bspw. über den Baugrund.

Die oben angesprochene Behinderungsanzeige muss für die erfolgreiche Durchsetzung von Mehrkostenerstattungsansprüchen gewissen formalen und inhaltlichen Anforderungen entsprechen, die in Tab. 2.2 näher dargelegt sind.

Die Behinderungsanzeige sollte demnach unverzüglich schriftlich erfolgen und sich an den Auftraggeber als Vertragspartner richten. Inhaltlich muss dem Auftraggeber der kausale Zusammenhang zwischen Störung und deren Auswirkung in Form von Mehrkosten aufgezeigt werden, ohne sich dabei auf eine konkrete Schadenshöhe oder die Dauer der Behinderung festzulegen. Sie dient dem Auftraggeber als Information und soll ihm Schutz bieten, bzw. warnen und die Möglichkeit geben, die drohenden Behinderungen auszuräumen.[40]

Sollte ein Auftragnehmer im Streitfall nicht beweisen können, dass er seiner aus § 6 Abs.1 VOB/B folgenden Pflicht zur schriftlichen Anzeige einer Behinderung, nachgekommen ist, wird er keinerlei Ansprüche durchsetzen können.

Zu beachten ist dabei, dass die Angabe der Höhe eines etwaigen Ersatzanspruches nicht Inhalt der Behinderungsanzeige sein muss.

---

[38]Ingenstau und Korbion (2010), S. 1380, Rdn. 13.
[39]Urteil 20 U 164/84 des OLG Köln vom 14.06.1985.
[40]Vgl. BGH-Urteil VII ZR 185/98 vom 21.10.1999.

2.4.3   Entschädigung gemäß § 642 BGB

Eine weitere Anspruchsgrundlage für Mehrkosten infolge von Bauablaufstörungen ist die
Entschädigung gemäß § 642 BGB, in welchem es heißt:[41]

- *„Ist bei der Herstellung des Werkes eine Handlung des Bestellers erforderlich, so
  kann der Unternehmer, wenn der Besteller durch das Unterlassen der Handlung in
  Verzug der Annahme kommt, eine angemessene Entschädigung verlangen."*

Dass die Regelungen des BGB auch bei einem VOB-Vertrag Anwendung finden, hat der
BGH in seinem sog. „Vorunternehmer II"-Urteil[42] vom 21.10.1999 (Az. VII ZR 185/98)
entschieden. Näheres hierzu folgt in Abschn. 2.5.1.

§ 642 Abs. 1 BGB befasst sich mit einem Entschädigungsanspruch des Unternehmers
(entspricht dem Auftragnehmer) gegenüber dem Besteller (entspricht dem Auftraggeber),
wenn dieser eine Mitwirkungshandlung unterlässt, wodurch der Auftraggeber in Annahmeverzug kommt. Der größte Unterschied zu § 6 Abs. 6 VOB/B ist hierbei, dass § 642 BGB
kein Verschulden voraussetzt, wodurch sich auch „die Fälle der Behinderung des Auftragnehmers durch verspätete oder mangelhafte Vorunternehmerleistungen, auf die der Nachfolgeunternehmer bei seiner Bauausführung angewiesen ist, angemessen und gerecht
lösen"[43] lassen. Der Anspruch ist allerdings „nicht auf diese bisher nicht angemessen zu
lösenden Fälle beschränkt, sondern [könne] auch dann herangezogen werden, wenn der
Schadensersatzanspruch aus § 6 Abs. 6 VOB/B am fehlenden Verschulden des Auftraggebers scheitert"[44]. Dies lässt dem Auftragnehmer die Wahl der Anspruchsgrundlage offen.

Auch wenn § 642 BGB verschuldensunabhängig ist, wird eine unterlassene Mitwirkungshandlung des Auftraggebers vorausgesetzt. Diese können u. a.

- die rechtzeitige und mangelfreie Lieferung von bauseits zu liefernden Baumaterialien,
  Plänen, und Leistungen,
- die rechtzeitige Bereitstellung von Baugenehmigungen und anderen erforderlichen
  Genehmigungen,
- die rechtzeitige Entscheidung über die Ausführung von Alternativen und Bemusterungen,
- die Erfüllung seiner Pflichten nach § 4 Abs. 1 VOB/B

sein[45].

---

[41]Vgl. BGB (2020), § 642.

[42]In diesem Urteil geht es um den Anspruch auf Schadensersatz wegen Behinderung durch ver-
spätet fertiggestellte Vorunternehmer. Es revidiert die bis dahin geltende Rechtsprechung des BGH
Urteils VII ZR 23/84 vom 27.06.1985 („Vorunternehmer I").

[43]Vygen et al. (2002), S. 231, Rdn. 313.

[44]Vygen et al. (2002), S. 231, Rdn. 313.

[45]Vgl. Vygen et al. (2002), S. 232, Rdn. 314.

Die Höhe des Entschädigungsanspruchs ist in § 642 Abs. 2 BGB geregelt. Dieser richtet sich nach der vereinbarten Vergütung[46], und wirft somit die Frage auf, wo der Unterschied zwischen Schadensersatz und Entschädigung liegt.

Wie in Abschn. 2.4.2 erläutert, berechnet sich der zu ersetzende Schaden i.S. des § 6 Abs. 6 VOB/B nach der Differenztheorie zwischen der behinderungsbedingten Situation und der hypothetisch ursprünglich geplanten Situation ohne Behinderung und wird damit zum Ausgleich der tatsächlichen Mehraufwendungen. Bei der Entschädigung hingegen ist die vereinbarte Vergütung als Grundlage genannt. Sie bezieht sich demnach auf den vertraglich vereinbarten Preis und damit auch auf die Urkalkulation, die fortgeschrieben werden darf. Dies heißt im Umkehrschluss, dass die Entschädigung nicht auf tatsächliche Mehrkosten zurückzuführen ist, sondern auch Kosten beinhalten kann, die entstehen, wenn keine Aufwendungen verursacht werden, sondern es zu Stillständen kommt.[47] So sieht es auch das Kammergericht Berlin welches entschieden hat, dass „über § 642 BGB […] wartezeitbedingte Mehrkosten des Unternehmers entschädigt"[48] werden können.

Nicht eindeutig geregelt ist die Frage nach dem entgangenen Gewinn bei einem Entschädigungsanspruch. Der BGH verweist in seinem Urteil „Vorunternehmer II" darauf, dass dieses nicht entgangenen Gewinn und Wagnis umfasse[49]. Dieser Punkt ist in der aktuellen Literatur[50] allerdings sehr umstritten, da der entgangene Gewinn und das Wagnis zweifellos zur vereinbarten Vergütung und auch in der bisherigen höchstrichterlichen Rechtsprechung zu einem Entschädigungsanspruch gehören[51].

Der Anspruch auf Entschädigung setzt einen Annahmeverzug des Auftraggebers voraus. Dies ist nach § 293 BGB dann der Fall, wenn der Auftraggeber die ihm, durch den Auftragnehmer angebotene Leistung nicht annimmt. Um Entschädigungsansprüche geltend machen zu können, muss der Auftragnehmer folglich, neben der Behinderungsanzeige, seine Leistungsbereitschaft zeigen.

---

[46]Vgl. BGB (2020), § 642 Abs. 2.

[47]Vgl. Kapellmann und Schiffers (2006), S. 762, Rdn. 1649.

[48]Vgl. Urteil 7 U 12/12 des KG Berlin vom 28.05.2013.

[49]BGH-Urteil VII ZR 185/98 vom 21.10.1999.

[50]Vgl. hierzu unter anderem: Vygen et al. (2002), S. 237 ff, Rdn. 324; Kapellmann und Schiffers (2006); Rdn. 1650: „Es gibt keinen Grund, dann, wenn man kraft Gesetzes an die ‚Höhe der vereinbarten Vergütung' anknüpfen muss, willkürlich aus der ‚vereinbarten Vergütung' einen Bestandteil […] zu streichen […] Die Streichung des Gewinns bei § 642 wäre ‚Strafe' und alles andere als ‚angemessene' Entschädigung"; Döring in Ingenstau und Korbion (2010); S. 1399, Rdn. 61/62.

[51]Vgl. Kapellmann und Schiffers (2006), S. 764, Rdn. 1650.

2.4.4 Vergleich und Wahl der Anspruchsgrundlagen

Abhängig von der Ursache für die Störung stehen dem Auftragnehmer wie dargelegt drei Anspruchsgrundlagen zur Verfügung, vorausgesetzt alle Anspruchsvoraussetzungen sind erfüllt.

In der Baupraxis ist es bei Bauablaufstörungen aufgrund verschiedener Gemengelagen von Vorkommnissen häufig nicht einfach möglich, die Störungsursachen und die daraus folgenden Anspruchsgrundlagen zu trennen. Hinzu kommt, dass ein erheblicher Unterschied in der Nachweisführung zwischen den Mehrkostenansprüchen aus Vergütung und denen aus Schadensersatzforderungen vorhanden ist, wodurch Auftragnehmer gerne eine Vergütung bzw. Entschädigung geltend machen, während vom Auftraggeber tendenziell eher ein Schadensersatznachweis gefordert wird.[52]

Darüber hinaus entstehen bei der Berechnung der Schadenersatzansprüche nach § 6 Abs. 6 VOB/B in der Praxis aus baubetrieblicher Sicht oft Schwierigkeiten, da sich diese nach der Differenztheorie (siehe Abschn. 2.4.2) aus der hypothetisch ohne Schaden eingetretenen und der realen Vermögenslage berechnen, eine Baustelle aber nur in den seltensten Fällen wie geplant abläuft, wodurch die hypothetisch ohne Schaden eingetretene Vermögenslage schwer zu ermitteln ist und Streitpotenzial birgt.[53]

Mitschein ist der Ansicht, dass es ein praktikabler Ansatz wäre, störungsbedingte Kostenermittlungen aus Schadensersatzansprüchen und aus Vergütungsansprüchen nach dem gleichen Schema zu ermitteln, wofür es eine rechtliche Grundlage geben sollte.[54]

Da eine solche rechtliche Grundlage bislang nicht gegeben ist, versuchen Auftragnehmer häufig ihre Schadensersatzansprüche aus § 6 Abs. 6 VOB/B eher als Entschädigung gemäß § 642 BGB und damit vergütungsähnlich durchzusetzen. Dass dies möglich ist, hat der BGH 1999 entschieden. Hier heißt es im Urteil VII ZR 185/98 vom 21.10.: „§ 642 BGB wird durch § 6 Nr. 6 VOB/B nicht verdrängt"[55], woraufhin auch die VOB geändert wurde. Ab der Version von 2006 heißt es in § 6 Abs. 6 Satz Nr. 2 VOB/B: „Im Übrigen bleibt der Anspruch des Auftragnehmers auf angemessene Entschädigung nach § 642 BGB unberührt"[56].

Tab. 2.3 zeigt einen Überblick bzw. eine Gegenüberstellung der Anspruchsgrundlagen sowie der Grundlagen der Entschädigung-, Vergütungs- und Schadensermittlung.

Auch wenn sich die Anspruchsgrundlagen in der Ermittlung der Höhe stark unterscheiden können, gibt es gemeinsame Punkte. So sind beispielsweise Parallelen in Bezug auf die Darstellung der Auswirkungen auf den Bauablauf zu sehen.

---

[52]Vgl. Dreier (2001), S. 110.

[53]Vgl. Dreier (2001), S. 2.

[54]Vgl. Mitschein (1999), S. 120.

[55]BGH-Urteil VII ZR 185/98 vom 21.10.1999.

[56]Vgl. VOB (2019), Teil B § 6 Abs. 6 Nr. 2.

Tab. 2.3 Gegenüberstellung der Anspruchsgrundlagen. (Nach Freiboth (2006), S. 70; Biermann (2005), S. 207; Stauf (2014), S. 49)

Vergütung	Schadensersatz	Entschädigung
§ 2 Abs. 5 oder 6 VOB/B	§ 6 Abs. 6 VOB/B	§ 342 BGB
Kalkulatorische Kostenansätze aus der vertraglich vereinbarten Vergütung	Tatsächliche, nachweisbare Kosten	Kalkulatorische Kostenansätze aus der vertraglich vereinbarten Vergütung
Vergütungsanpassung	Ersatz des tatsächlichen Schadens	Vergütungsähnlich (ohne Wagnis und Gewinn)
Voraussetzungen		
Vertragsgemäße Anordnung durch den Auftraggeber	Schriftliche Behinderungsanzeige	Schriftliche Behinderungsanzeige Kein Verschulden notwendig
Folge zusätzlicher oder geänderter Leistung	Verschulden durch Auftraggeber oder dessen Vertreter	Verletzen der Mitwirkungspflichten durch den Auftraggeber
Bindefristverlängerung nach BGH-Urteil ähnlich wie Vergütung	Obliegenheitsverletzung des Auftraggebers	Annahmeverzug aufseiten des Auftraggebers
Gute Dokumentation	Gute Dokumentation	Leistungsbereitschaft des Auftragnehmers
Adäquat kausaler Zusammenhang	Adäquat kausaler Zusammenhang	Gute Dokumentation
Beispiele		
Nachtragsvereinbarungen	Verspätete Planlieferungen	Unzureichende Vorunternehmerleistungen
Vereinbarungen zwischen den Parteien bzgl. Bauzeitverlängerungen	Verspätete Plan- oder Musterfreigabe	Unerwartete Behördenauflagen
Zusätzliche oder geänderte Leistungen zum Hauptvertrag	Unzureichende Gutachten (z. B. Baugrundprobleme durch mangelhaftes Baugrundgutachten)	Fehlende Genehmigungen Unerwarteter Kampfmittelfund
Änderungen in der Bauabfolge	Behinderungen durch schuldhaftes Verhalten des Auftraggebers	Behinderungen ohne schuldhaftes Verhalten des Auftraggebers

(Fortsetzung)

Tab. 2.3 (Fortsetzung)

Vergütung	Schadensersatz	Entschädigung
Prinzipielle Vorgehensweise zur Berechnung der Anspruchsgrundlage		
Dokumentation der modifizierten Leistung	Vergleich der hypothetischen mit der tatsächlichen Vermögenslage (Differenztheorie)	Kalkulatorische Ermittlung der zu entschädigenden Mehrkosten und zusätzlicher Kosten anhand der vereinbarten Vergütung
Ermittlung der direkten Kosten		Abzug ersparter Aufwendungen
Bestandteile des Mehrkostenanspruchs		
Sämtliche Kosten der Leistungsmodifikation	Nachweisbar entstandener Schaden	Direkte Kosten für Personal-, Material- und Gerätevorhaltung
Zusätzliche BGK	Aus Störung entstandene zusätzliche BGK	Zeitabhängige BGK
AGK-Zuschlag	AGK-Zuschlag	AGK-Zuschlag
Wagnis und Gewinn	Wagnis und Gewinn nur bei grober Fahrlässigkeit	Kein Gewinn (umstritten, siehe Kap. 2.4.3)

Prinzipiell treten bei der Ermittlung der zeitlichen Auswirkungen einer Störung beim Nachweis der Entschädigung dieselben Probleme auf wie bei einem Schadensersatznachweis. Das Vorliegen der Voraussetzungen der Anspruchsgrundlage ist im Vergleich zwar einfacher nachzuweisen bzw. in einigen Fällen sogar erst möglich, die Darstellung des störungsbedingt modifizierten Ablaufplanes ist aber gleichermaßen aufwendig.[57]

Bei der Ermittlung der Höhe des Entschädigungsanspruches entspricht die grundsätzliche Vorgehensweise der der Vergütung im Sinne der Urkalkulation. Auch hier ist eine gute Dokumentation im Bereich des ursprünglichen vereinbarten Vertragspreise, sprich der Urkalkulation, notwendig, damit das Preisniveau detailliert bestimmt werden kann.

Der Unterschied zwischen Entschädigung und Schadensersatz liegt demnach in erster Linie in der Schuldhaftigkeit des Auftraggebers. Bei Entschädigungsansprüchen kommt es nicht auf ein Verschulden des Auftraggebers an. Da die weiteren Voraussetzungen ähnlich sind und das Durchsetzen von Ansprüchen auf Entschädigung leichter erscheint, „wird ein Auftragnehmer bei Vorliegen der Voraussetzungen zukünftig seine Ansprüche nur noch auf § 642 BGB stützen […], vorausgesetzt, er erhält über die ‚Entschädigung' des § 642 BGB dasselbe oder mehr als über den ‚Schadensersatz' des § 6 Nr. 6 VOB/B; nur wenn dieser Schadensersatzanspruch höher ist, wird er den Anspruch auf Verschulden stützen".[58]

Ansprüche im Sinne der §§ 6 Abs. 6 VOB/B und 642 BGB können dem Auftragnehmer auch zusätzlich zu Vergütungsansprüchen infolge einer Anordnung zustehen, da sich die Anspruchsgrundlagen überschneiden und ergänzen können.[59] Dies kann etwa von Bedeutung sein, wenn es aufgrund einer geänderten Leistung zwar zu einer Neuvereinbarung des Einheitspreises i.S. des § 2 Abs. 5 VOB/B kommt, sich dadurch aber gleichzeitig eine verlängerte Bauzeit ergibt, wodurch sich Vorhaltekosten beispielsweise hinsichtlich der Baustelleneinrichtung erhöhen. Wichtig ist dennoch, dass diese Kosten direkt neben den Kosten der Vergütung geltend gemacht werden, da „Nachtragsangebote gemäß § 2 VOB/B […] alle durch die Änderungsanordnung bedingten, also verursachten Mehrkosten einschließlich der zeitabhängigen abdecken müssen, da im Falle der Beauftragung des Nachtragsangebots für den Auftragnehmer keine Möglichkeit mehr besteht, die durch Bauzeitverlängerung entstehenden oder entstandenen Mehrkosten gesondert über § 6 Nr. 6 VOB/B geltend zu machen."[60] In der Praxis sprechen Auftragnehmer in diesem Fall erfahrungsgemäß oft Vorbehalte aus, die ihnen eine spätere Berechnung ermöglichen soll.

---

[57]Vgl. Freiboth (2006), S. 70.

[58]Kapellmann und Schiffers (2006), S. 762, Rdn. 1648.

[59]Vgl. Vygen et al. (2002), S. 179, Rdn. 252.

[60]Vygen et al. (2002), S. 179, Rdn. 252.

2.5   Aktuelle Rechtsprechung zu Bauablaufstörungen

Im nachfolgenden Kapitel werden die wichtigsten Urteile bezüglich Bauablaufstörungen dargestellt, und dann die von der Rechtsprechung gestellten Anforderungen an die Nachweisführung erläutert.

Hinweis: Bei den zitierten Urteilen der Oberlandesgerichte wurde bei der Auswahl darauf geachtet, dass diese nicht von nachfolgenden Urteilen des BGH revidiert wurden und demnach die aktuelle Rechtsprechung wiedergeben.

2.5.1   Maßgebliche Urteile

2.5.1.1 Zur Wahl der Anspruchsgrundlage

Ein wegweisendes Urteil zu Bauablaufstörungen hat der BGH im Jahre 1999 gefällt. Mit dem sogenannten „Vorunternehmer II"-Urteil[61] wurde nicht nur bis dahin geltendes Recht revidiert, sondern auch erstmals entschieden, dass Auftragnehmer die Möglichkeit haben, Ansprüche aus dem BGB auch bei VOB-Verträgen geltend zu machen. Wörtlich heißt es hier:

- *„Der Auftraggeber kann dem Nachunternehmer aus § 642 BGB haften, wenn er durch das Unterlassen einer bei der Herstellung des Werkes erforderlichen und ihm obliegenden Mitwirkungshandlung in den Verzug der Annahme kommt."*[62]

Bis zu diesem Zeitpunkt[63] galt § 6 Abs. 6 VOB/B (Schadensersatz) als alleinige Anspruchsgrundlage zur Geltendmachung von Ansprüchen aus störungsbedingten Mehrkosten für den Auftragnehmer. Bei VOB-Verträgen konnten demnach keine Entschädigungsansprüche aus dem BGB geltend gemacht werden.[64]

Zu beachten sind die weiteren Ausführungen zur Äquivalenz der beiden Anspruchsgrundlagen. Nach dem Wortlaut des § 642 BGB ist keine Behinderungsanzeige erforderlich, der BGH hat jedoch entschieden, dass eine solche Anzeige Voraussetzung für die Geltendmachung von Entschädigungsansprüchen bei einem VOB-Vertrag ist.[65] Der BGH hat ferner entschieden, welche Voraussetzungen eine Behinderungsanzeige erfüllen

---

[61]BGH-Urteil VII ZR 185/98 vom 21.10.1999.

[62]BGH-Urteil VII ZR 185/98 vom 21.10.1999

[63]Der BGH hat mit der Entscheidung aus dem Jahr 1999 seine frühere Rechtsprechung aus dem sog. „Vorunternehmer I"-Urteil VII ZR 23/84 aus dem Jahre 1985 revidiert. Darin hatte der BGH entschieden: „Übernimmt der Auftraggeber keine ausdrückliche Einstandspflicht für das Handeln seiner beschäftigten Unternehmen, so unterliegt er keiner Haftung [...] gegenüber einem Nachfolgeunternehmer für Fehler des Vorunternehmers."

[64]Vgl. GPA (2007), S. 1.

[65]Vgl. Freiboth (2006), S. 24.

muss. Demnach hat „der Auftragnehmer [...] in der Behinderungsanzeige anzugeben, ob und wann seine Arbeiten [...] nicht oder nicht wie vorgesehen ausgeführt werden können."[66] Weiter müsse der Stillstand adäquat-kausal durch die hindernden Umstände verursacht sein und die Behinderungsanzeige müsse alle Tatsachen enthalten, aus der mit hinreichender Klarheit die Gründe für diese Behinderung ersichtlich seien.[67]

Das OLG Köln hat in einem Beschluss vom 27.10.2014 (Az.11 U 70/13) zudem festgelegt, unter welchen Voraussetzungen ein Anspruch auf Mehrvergütung durch eine Bauzeitverlängerung in Betracht kommt:

- „*Eine Verlängerung der Bauzeit begründet nur bei einer Anordnung des Auftraggebers einen Anspruch des Auftragnehmers auf Mehrvergütung nach § 2 Nr. 5 VOB/B. Beruht die Verlängerung auf sonstigen Baubehinderungen, kommen Ansprüche des Auftragnehmers nur nach § 6 Nr. 6 VOB/B oder § 642 BGB in Betracht.*"[68]

2.5.1.2 Zur Darstellung und Nachweisführung

Ein weiteres wichtiges Urteil zu gestörten Bauabläufen stammt bereits aus dem Jahre 1986 und beschäftigt sich mit der Darstellung der Mehrkosten. Im Zuge einer Schadensersatzforderung hat der BGH mit seiner Entscheidung VII ZR 286/84 festgelegt, welche Anforderungen an die Darlegung des Schadens zu stellen sind. So muss

- „*der Geschädigte im Einzelnen darlegen [...], welche konkreten Mehrkosten ihm durch die Behinderung tatsächlich entstanden sind.*"[69]

Dass dies auch für die Entschädigung gilt, hat die Rechtsprechung verschiedentlich entschieden. So formuliert bspw. das OLG Hamm:[70]

- „*Zur Darstellung eines Verzögerungsschadens nach § 6 Nr. 6 VOB/B und § 642 BGB genügt die Darlegung der Verzögerung allein nicht. Vielmehr ist unumgänglich eine konkrete bauablaufbezogene Darstellung der Behinderungen und der Schadensauswirkungen auf den bauausführenden Betrieb.*"

Der BGH hat seine Entscheidungen hinsichtlich der Aufbereitung der entstandenen Mehrkosten auch in jüngerer Vergangenheit bestätigt. So heißt es in einem Urteil aus dem Jahre 2002[71]:

---

[66]BGH-Urteil VII ZR 185/98 vom 21.10.1999.

[67]Vgl. BGH-Urteil VII ZR 185/98 vom 21.10.1999.

[68]Beschluss 11 U 70/13 des OLG Köln vom 27.10.2014.

[69]BGH-Urteil VII ZR 286/84 vom 20.02.1986.

[70]Urteil 17 U 56/00 des OLG Hamm vom 12.02.2004.

[71]BGH-Urteil VII ZR 224/00 vom 21.03.2002.

- *„Der Auftragnehmer muß [sic] eine Behinderung, aus der er Schadensersatzansprüche ableitet, möglichst konkret darlegen. Dazu ist in der Regel [...] eine bauablaufbezogene Darstellung notwendig".*

Den gleichen Nachweis (der konkret im Einzelnen anfallenden Kostenpunkte) fordert das OLG Brandenburg in einer aktuellen Entscheidung bei der Geltendmachung eines Anspruchs auf Mehrvergütung nach § 2 Abs. 6 VOB/B bzw. § 2 Abs. 5 VOB/B. Zudem müsse ebenso nachgewiesen sein, dass die Störung in den Verantwortungsbereich des Auftraggebers fällt. In einem Urteil zu einer Bauzeitverlängerung aus dem Februar 2016 heißt es:

- *„Der Auftragnehmer, der einen Anspruch auf Vergütung oder Erstattung von Mehrkosten wegen einer Bauzeitverlängerung geltend macht, hat im Einzelnen konkret darzulegen, dass die Mehrkosten auf einer vom Auftraggeber zu verantwortenden Bauzeitverlängerung beruhen."*[72]

Zudem bestätigt es weitere Voraussetzungen:

- *„Verlangt der Auftragnehmer eine Entschädigung aus § 642 BGB, muss er die Verletzung einer dem Auftraggeber obliegenden Mitwirkungspflicht, den Annahmeverzug und dessen Dauer sowie die Grundlagen der Entschädigung, die aus der dem Vertrag zugrunde liegenden Vergütungsvereinbarung abzuleiten sind, darlegen und beweisen."*[73]

Da sich der BGH wiederholt auf den Terminus „bauablaufbezogene Darstellung" beruft, ist Roquette der Auffassung, dass diese auch bei einer Beschleunigung als Umkehrung der Bauzeitverlängerung vorliegen müsse, um darzulegen, wie sich Leistungen verschoben und in welchem Umfang diese sich verändert haben.[74] Da eine Beschleunigung in den meisten Fällen aufgrund einer Anordnung des Auftraggebers erfolgt, folgt hieraus, dass diese Nachweisführung neben § 6 Abs. 6 VOB/B und § 642 BGB auch für Ansprüche aus § 2 Abs. 5 bzw. Abs. 6 VOB/B gilt.

2.5.1.3 Zur Ermittlung der Kosten bzw. des Schadens

Bei der Ermittlung eines Schadens (sowohl Schadensersatz als auch Entschädigung) unterscheidet der BGH in zwei Kausalitäten. Einmal gibt es die haftungsbegründende Kausalität, die konkret bewiesen werden muss:

---

[72]Urteil 12 U 222/14 des OLG Brandenburg vom 18.02.2016.

[73]Urteil 12 U 222/14 des OLG Brandenburg vom 18.02.2016.

[74]Vgl. Roquette et al. (2013), S. 253, Rdn.841.

- *„Soweit die Behinderung darin besteht, daß [sic] bestimmte Arbeiten nicht oder nicht in der vorgesehenen Zeit durchgeführt werden können, ist sie nach allgemeinen Grundsätzen der Darlegungs- und Beweislast zu beurteilen. Der Auftragnehmer hat deshalb darzulegen und nach § 286 ZPO Beweis dafür zu erbringen, wie lange die konkrete Behinderung andauerte. "*[75]

Und zum anderen die haftungsausfüllende Kausalität, die geschätzt werden darf:

- *„Dagegen sind weitere Folgen der konkreten Behinderung nach § 287 ZPO zu beurteilen, soweit sie nicht mehr zum Haftungsgrund gehören, sondern dem durch die Behinderung erlittenen Schaden zuzuordnen sind. "*[76]

2.5.1.4 Zur Bindefristverlängerung

Die Bindefristverlängerung stellt einen Sonderfall dar. Dies zeigt sich auch an der Vielzahl der Verfahren die hierzu durch die Instanzenzüge zum BGH geführt werden. Bereits im Jahre 2005 hat das OLG Jena geurteilt, dass alle Risiken, die durch das Vergabeverfahren entstehen, grundsätzlich beim Auftraggeber liegen.[77] Dies hat der BGH im Urteil VII ZR 11/08 vom 11. Mai 2009 bestätigt. Hiernach ergibt sich für Auftragnehmer die Grundlage für eine Vergütungsanpassung in Anlehnung an die Grundsätze des § 2 Abs. 5 VOB/B, wenn sich die Bauzeit durch ein Vergabenachprüfungsverfahren verschiebt.

- *„Der so zustande gekommene Bauvertrag ist ergänzend dahin auszulegen, dass die Bauzeit unter Berücksichtigung der Umstände des Einzelfalls und der vertragliche Vergütungsanspruch in Anlehnung an die Grundsätze des § 2 Nr. 5 VOB/B anzupassen sind. "*[78]

Im selben Jahr wurde zudem entschieden, dass der Auftrag nur dann Ansprüche geltend machen kann, wenn sich durch das Vergabeverfahren auch der Baubeginn verschoben hat. Dies wird in Abb. 2.2 dargestellt.

- *„Wird in einem Vergabeverfahren aufgrund öffentlicher Ausschreibung nach VOB/A der Zuschlag nach Verlängerung der Bindefristen durch die Bieter später erteilt als in der Ausschreibung vorgesehen, kann ein Mehrvergütungsanspruch nicht allein daraus hergeleitet werden, dass sich im Hinblick auf die spätere Zuschlagserteilung die Kalkulationsgrundlagen geändert haben. "*[79]

---

[75]BGH-Urteil VII ZR 225/03 vom 24.02.2005.

[76]BGH-Urteil VII ZR 225/03 vom 24.02.2005

[77]Vgl. Urteil 8 U 318/04 des OLG Jena vom 22.03.2005.

[78]BGH-Urteil VII ZR 11/08 vom 11.05.2009.

[79]BGH-Urteil VII ZR 82/08 vom 10.09.2009.

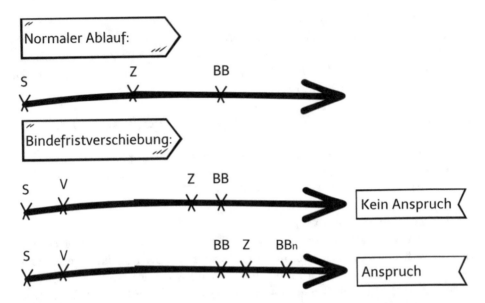

Abb. 2.2 Anspruch bei Bindefristverlängerung. (In Abb. 2.2 beschreibt „S" den Zeitpunkt der Submission, „Z" den Zuschlagstermin, „BB" den geplanten Baubeginn, „V" den Vergabeeinspruch und „BB$_n$" den neuen Baubeginn)

Sobald sich die Ausführungszeit und damit die Leistungspflichten verändern, können alle Mehrkosten geltend gemacht werden, die ursächlich auf die Verschiebung der Bauzeit zurückzuführen sind. Dies hat der BGH ebenfalls in einem Urteil aus dem Jahr 2009 entschieden.

- „*Maßgeblich für die Ermittlung der Höhe der an die Klägerin zu zahlenden Mehrvergütung sind diejenigen Mehrkosten, die ursächlich auf die Verschiebung der Bauzeit zurückzuführen sind. Sie ergeben sich im rechtlichen Ausgangspunkt aus der Differenz zwischen den Kosten, die bei der Klägerin für die Ausführung der Bauleistung tatsächlich angefallen sind und den Kosten, die sie bei Erbringung der Bauleistung in dem nach der Ausschreibung vorgesehenen Zeitraum hätte aufwenden müssen. [...] Das Landgericht wird in Anwendung des obigen Grundsatzes den tatsächlich angefallenen Einkaufspreisen also diejenigen Preise gegenüberstellen, welche die Klägerin bei Einhaltung der ursprünglich vorgesehenen Bauzeit hätte zahlen müssen.*"[80]

Diese Ausführungen bestätigt der BGH auch im Jahre 2012 mit dem Urteil VII ZR 202/09. Hier wird zudem entschieden, dass auch gestiegene Kosten im Hinblick auf Nachunternehmerverträge geltend gemacht werden können.

---

[80]BGH-Urteil VII ZR 152/08 vom 10.09.2009.

- *„Bei Anwendung dieser Grundsätze kann einem Auftragnehmer ein Mehrvergütungs-*
  anspruch in Höhe des Betrages zustehen, der sich aus der Differenz zwischen den tat-
  sächlich durch die Beauftragung eines Nachunternehmers entstandenen Kosten und
  denjenigen Kosten ergibt, die für ihn bei Einhaltung der ursprünglichen Bauzeit durch
  die Annahme des bindenden Angebots eines günstigeren Nachunternehmers ent-
  standen wären. "[81]

2.5.2   Mindestanforderungen an die Nachweisführung

Bislang[82] gibt es keine höchstrichterliche Entscheidung über die Mindestanforderungen
an die Nachweisführung bei der Durchsetzung von Ansprüchen aus Bauablaufstörungen,
wodurch es zwischen den Beteiligten oft zu Streitigkeiten kommt. Dies betrifft vor allem
die Fälle des Schadensersatzes und der Entschädigung, da die zusätzliche Vergütung eine
Anordnung voraussetzt, wodurch es hier weniger Streitpotenzial gibt. Sobald allerdings
die Bauzeit betroffen ist, oder es im Falle der Bindefristverlängerung zu Verschiebungen
kommt, kann es auch hier zu Streitigkeiten kommen.

So ist beispielsweise auch Viering der Ansicht, dass die „Durchsetzung bauzeit-
bedingter Mehrkosten oftmals […] schwierig [und] die Erfolgsaussichten bei der gerichtlichen Durchsetzung […] schwer vorhersehbar und oftmals gering"[83] sind.

Dennoch ist es unvermeidbar, sich dieser Situation im Baualltag zu stellen. Auch
wenn die Anforderungen der Rechtsprechung nur von einem Bauleiter mit technischem,
kaufmännischem und juristischem Wissen bearbeitet werden könne, der zudem über eine
hohe Qualifikation und Zeit verfüge[84], sei es die Aufgabe des Bauleiters einen gerichtsfesten Kostennachweis aufzustellen, wodurch diese allerdings oftmals überfordert
seien[85].

In einem Urteil VII ZR 224/00 vom 21.03.2002 hat der BGH entschieden, dass
der entstandene Schaden möglichst konkret dargestellt werden müsse. An anderen
Stellen heißt es die Nachweisführung solle „adäquat kausal"[86] und „möglichst konkret
[und] bauablaufbezogen"[87] dargestellt werden. Konkretisiert hat der BGH seine
Rechtsprechung im Jahr 2005 im Urteil VII ZR 141/03. In dem heißt es, dass der

---

[81]BGH-Urteil VII ZR 202/09 vom 08.03.2012.

[82]Stand: Frühjahr 2020.

[83]Zanner et al. (2014), S. 57.

[84]Vgl. Heilfort (2003), S. 458.

[85]Vgl. Mitschein (1999), S. 7.

[86]BGH-Urteil VII ZR 224/00 vom 21.03.2002.

[87]BGH-Urteil VII ZR 224/00 vom 21.03.2002.

Auftragnehmer widerspruchsfreie Angaben dazu machen müsse, aufgrund welcher Planverzögerungen welche vorgesehenen Arbeiten nicht durchgeführt werden konnten und
wie sich die Planverzögerungen konkret auf die Baustelle ausgewirkt haben.

Folglich ist es nicht möglich, seine Ansprüche auf abstrakte Werte zu stützen. Vielmehr muss jederzeit der Bezug zum tatsächlichen Ist-Zustand auf der Baustelle hergestellt werden, was nur mithilfe einer organisierten Dokumentation aller Abläufe
geschehen kann. Dieser erste Schritt der ausführlichen Dokumentation ist erforderlich,
um den Anspruch dem Grunde nach nachzuweisen[88] und dient außerdem dazu, dass der
Anspruch vom Auftraggeber nicht als nicht prüfbar zurückgewiesen werden kann. Erst in
einem zweiten Schritt wird die Höhe des Anspruches betrachtet.

Bei der Beurteilung von Ansprüchen aus Bauablaufstörungen, unabhängig von der
gewählten Anspruchsgrundlage, müssen die Mehrkosten und deren Ursache detailliert
dargelegt werden.

Um ein Scheitern der Nachtragsforderung zu vermeiden, ist es erforderlich, die
Forderung nachvollziehbar und verständlich aufzubauen. Unmittelbar am Projekt
Beteiligte berücksichtigen oftmals nicht, dass Außenstehenden, die sich mit der
Forderung auseinandersetzen müssen, das Projekt nicht so detailliert bekannt ist, wie für
die Personen, die das Projekt von Beginn an betreuen.[89]

Als richtungsweisend zum Thema der Nachweisführung gilt neben dem oben
genannten Urteil aus dem Jahre 2002 auch das Urteil VII ZR 225/03 vom 24.02.2005,
in welchem der BGH erneut von einer „konkreten, bauablaufbezogenen Darstellung
der jeweiligen Behinderung" spricht. Weiter heißt es, dass der Auftragnehmer dazu-
legen hat, „wie lange die konkrete Behinderung" andauere und welche Folgen diese
nach sich ziehe.

Aus beiden Urteilen ist deutlich zu entnehmen, dass die Darlegungs- und Beweislast
für die Störung und deren Folgen allein beim Auftragnehmer liegt. Obwohl es in diesen
konkreten Fällen um einen Schadensersatzanspruch gemäß § 6 Abs. 6 VOB/B ging,
kann das Ergebnis auf alle Anspruchsgrundlagen übertragen werden.[90] „Weite Teile der
Praxis glauben, diesen Nachweis [...] zwar bei Schadensersatzansprüchen, nicht aber
bei Vergütungsansprüchen führen zu müssen. Dabei besteht der Schwerpunkt einer
jeden Dokumentation von Bauablaufänderungen und -störungen weniger in der Darlegung der unterschiedlichen Anspruchsvoraussetzungen [...]. Der Schwerpunkt liegt
vielmehr in dem allen Ansprüchen gemeinsamen, plausiblen und schlüssigen Kausalitätsnachweis."[91]

---

[88]Vgl. Dreier (2001), S. 2.

[89]Vgl. Dreier (2001), S. 3.

[90]Vgl. Zanner et al. (2014), S. 63 f.

[91]Tomic (2014), S. 348, Rdn. 6.

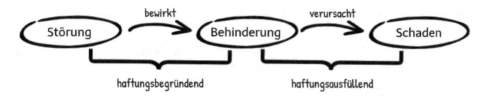

Abb. 2.3 Haftungsbegründende und haftungsausfüllende Kausalität. (Nach Leitzke 2006, S. 131)

2.5.2.1 Der Kausalitätsnachweis

Der BGH[92] unterscheidet in der Umsetzung der Nachweisführung generell in die haftungsbegründende und die haftungsausfüllende Kausalität gemäß §§ 286 f. ZPO. Dies ist in Abb. 2.3 näher erläutert.

Die haftungsbegründende Kausalität thematisiert allein die Haftung, also die Frage, ob ein Schädiger eine bestimmte Störung verursacht hat[93]. Bei der haftungs-ausfüllenden Kausalität geht es darüber hinaus um „den konkreten Vortrag bzgl. des Zusammenhanges zwischen Behinderung und baubetriebswirtschaftlichen Folgen"[94], also die Höhe des Anspruchs. Hierbei kommt „für den Auftragnehmer zum Tragen, sofern die haftungsbegründende Kausalität erfüllt ist, dass er bei einer gerichtlichen Auseinandersetzung eine Schadensschätzung gemäß § 287 ZPO durch das Gericht beanspruchen kann, wenn er ausreichend Grundlagen für die Schadensschätzung dar-legt."[95] Wotschke hat demzufolge erkannt, dass eine solche Schätzung nicht mit einem Auswürfeln zu verwechseln sei und es auch eine nachvollziehbare Bewertungsgrundlage in Form von sauberer Dokumentation brauche.[96] Welche Bestandteile zu einer solchen Dokumentation gehören, wird in Abschn. 2.5.2.3 näher erläutert.

Nach der herrschenden Meinung der Literatur und der Rechtsprechung ist demnach die haftungsbegründende Kausalität zunächst sehr viel wichtiger und nicht zu ver-nachlässigen, wenn Ansprüche aus Bauablaufstörungen erfolgreich durchgesetzt werden sollen.

Zunächst ist zu erläutern, was unter der vom BGH geforderten adäquaten Kausalität zu verstehen ist. Für Baupraktiker bedeutet dies auf den Punkt gebracht:

1. Die Ursache und deren Wirkung muss dargestellt werden. (von lat. causa – Ursache)
2. Es muss der Bezug zwischen der Handlung eines Schädigers und dem Schaden erkennbar sein. (von lat. adaequare – gleichmachen/angemessen)

---

[92]Vgl u. a. BGH-Urteil VII ZR 141/03 vom 24.02.2005.

[93]Vgl. Zimmermann J. (2010), S. 78.

[94]Schottke (2006), S. 8.

[95]Schmitt S. (2006), S. 101.

[96]Vgl. Wotschke und Wotschke (2006), S. 63.

Tab. 2.4 Nachweispflichten des Auftragnehmers. (Nach Zanner et al. 2014, S. 70–71)

Vollbeweispflichtig[a]	Beispiel
Störung	Planübergabe durch den Auftraggeber verspätet sich um 4 Wochen
Die daraus resultierende Behinderung	Die Betonage der 1. Sohle verspätet sich um 4 Wochen
Die Dauer der Behinderung	4 Wochen
Der Kausalzusammenhang	Der verspätete Beginn der Betonage ist auf die fehlenden Pläne zurückzuführen und nicht bspw. auf schlechte Witterung
Nicht vollbeweispflichtig[b]	
Auswirkungen auf weitere Termine	Der Gesamtfertigstellungstermin verzögert sich um 4 Wochen
Der resultierende Mehraufwand	4 Wochen längere/r Personaleinsatz, Vorhaltung von Geräten etc.

[a]Haftungsbegründend nach § 286 ZPO
[b]Haftungsausfüllend – weitere Behinderungsfolgen auf den Bauablauf (dürfen geschätzt werden)

Bei einer Übertragung auf den gestörten Bauablauf liegt ein adäquater Kausalzusammenhang dann vor, wenn durch eine Störung, z. B. durch eine aktive Anordnung des Auftraggebers oder auch durch sogenanntes Unterlassen z. B. durch eine verspätete oder fehlende Planübergabe, Verzögerungen im Bauablauf entstehen.

Es reicht dabei nicht aus, die gestörten Bauabläufe abstrakt und allgemein darzulegen. Der BGH hat mehrfach dargestellt, dass die sich die Darstellung im Detail mit den Einzelheiten der Störung und deren Auswirkungen auf den Ablauf beschäftigen müsse[97].

Die ZPO unterscheidet in der Beweisführung dabei in vollbeweispflichtige und nicht vollbeweispflichtige Bereiche, die in Tab. 2.4 dargestellt sind. Hier wird außerdem aufgezeigt, was der Auftragnehmer für einen ausreichenden Kausalitätsnachweis beweisen muss.

Für die praktische Umsetzung bedeutet dies, dass zunächst das störende Ereignis im Einzelnen, und anschließend auch die dadurch entstandene Verzögerung dargestellt werden muss. Es ist also erforderlich, genau darzulegen, welche Leistungen zum Zeitpunkt der Störung ausgeführt werden sollten und nun nicht bzw. nur unter Behinderung ausgeführt werden können. Hinzu kommen die Auswirkungen der einzelnen Störung auf den gesamten Bauablauf, die konkretisiert und belegt werden müssen.[98]

---

[97]Vgl. Mechning et al. (2014), S. 85.
[98]Vgl. Roquette et al. (2013), S. 169, Rdn 542 f.

Eine gute Methodik zur Visualisierung dieser geforderten bauablaufbezogenen Darstellung ist die sogenannte Soll'-Methode[99], die auch der BGH als auskömmlich erkennt.[100]

2.5.2.2   Die bauablaufbezogene Darstellung mithilfe der Soll'-Methode

Die Soll'-Methode läuft in drei Schritten ab. In einem ersten Schritt wird der sogenannte Soll-Ablauf modellhaft[101] bestimmt. Dieser zeigt den planmäßigen Ablauf des gesamten Bauvorhabens detailliert bis zur Fertigstellung und bildet alle vertraglichen Termine und Rahmenbedingungen ab. Dieser Soll-Ablaufplan, auch Null-Plan genannt, ist nachfolgend die Basis für die weiteren Schritte und im Idealfall bereits als „Vertragstermin-plan" Vertragsbestandteil. Unter anderem Bötzkes[102] empfiehlt, dass den Vorgängen direkt Kapazitäten (wie z. B. Kolonnenstärken und -anzahl) hinterlegt werden sollten. Dies hätte den Vorteil, dass, sobald der Soll-Ablaufplan vertraglich vereinbart sei, der Auftragnehmer auch bei einem gestörten Bauablauf nicht mehr als die ursprünglich geplanten Kapazitäten einsetzen müsse. Sollte der Soll-Ablaufplan nicht vertraglich vereinbart sein, ist er prinzipiell auch nachträglich erstellbar.[103] Das OLG Brandenburg geht sogar so weit, dass es Vergütungs- und Schadensersatzansprüche (auch bei Entschädigung) wegen Bauablaufstörungen ausschließt, sollte kein verbindlicher Bauzeiten-plan vereinbart sein.[104]

Sollten sich Leistungsänderungen oder -ergänzungen i.S. der §§ 2 Abs. 5 und Abs. 6 VOB/B oder Mehr- und Minderleistungen gemäß § 2 Abs. 3 VOB/B, also vertrags-konforme Modifikationen ergeben, müssen diese mit in den Soll-Ablaufplan eingearbeitet werden. Dies hat zunächst nichts mit einer Störung zu tun, sondern dient ausschließlich zur Feststellung der Ausgangssituation.

Im zweiten Schritt muss die Störung festgestellt, dokumentiert und analysiert werden. Dafür werden in einem Soll-Ist-Vergleich Abweichungen mithilfe baustellenbezogener Dokumentation (siehe Abschn. 2.5.2.3) festgestellt.

In einem dritten und letzten Schritt kann dann der Soll'-Ablaufplan, auch als störungsbedingt modifizierter Ablaufplan bezeichnet, erstellt werden. Hier wird die

---

[99]Gesprochen: Soll-Strich-Methode – es gibt sowohl den Soll-Ablauf, als auch den Soll-Strich-Ablauf.

[100]Siehe BGH-Urteil VII ZR 286/84: „Ausgangspunkt [...] ist der vom Auftragnehmer in seiner Kalkulation zugrunde gelegte Bauabablauf (Soll). Dem wird ein sogenannter störungsmodifizierter Bauablauf gegenübergestellt [Soll']."

[101]Roquette et al. (2013) merken richtigerweise an, dass die Darstellung konkret und bauablauf-bezogen sein muss, dies aber baupraktisch kaum möglich ist und eine Darstellung daher bis zu einem gewissen Maße nur modellhaft erfolgen kann (siehe Rdn. 551).

[102]Bötzkes (2010), S. 146 f.

[103]Hierzu sei auf das BGH-Urteil VII ZR 201/06 vom 18.12.2008 verwiesen, in welchem der BGH die nachträgliche Vorlage der Urkalkulation zugelassen hat. Es ist nicht ersichtlich, warum dies nicht auch gleichermaßen für einen Bauzeitenplan gelten soll.

[104]Vgl. Urteil 11 U 102/12 des OLG Brandenburg vom 02.12.2015.

Störung in den ursprünglichen Plan eingearbeitet, wodurch die konkreten Auswirkungen der Störungen nachvollzogen werden können. Die „Auswirkung [muss] so beschrieben werden, dass sie dem tatsächlichen ‚Bau-Ist' möglichst entspricht".[105] Dies beinhaltet auch zusätzliche und geänderte Leistungen, sowie Minderleistungen und Zuschläge für die Wiederaufnahme und andere Produktivitätsverluste, die einbezogen werden müssen.

2.5.2.3 Nachweis der Verantwortung aufseiten des Auftraggebers durch eine richtige Dokumentation

Ein ausreichender Nachweis über das Verschulden des Auftraggebers, wie er in Schadensersatzfällen nötig ist, kann dem Auftragnehmer nur dann gelingen, wenn er eine detaillierte Dokumentation über die Baustelle führt. Ist dies nicht der Fall, kann ihm einerseits Organisationsverschulden vorgeworfen werden und andererseits hat er ohne eine sorgfältige Baustellendokumentation kaum Möglichkeiten, seine Ansprüche gegenüber dem Auftraggeber durchzusetzen.[106]

Da die juristischen Anforderungen im Schadensersatzfall für den Bauunternehmer ein beinahe utopisches Ausmaß erreichen (siehe Abschn. 2.4.4) wird der Auftragnehmer bevorzugt die Entschädigung als Anspruchsgrundlage wählen. Die Verantwortung aufseiten des Auftraggebers muss allerdings auch in diesem Fall nachgewiesen werden, auch wenn er nicht direkt schuldhaft beteiligt sein muss. Eine Verantwortung nachzuweisen ist zwar einfacher als eine Schuld nachzuweisen, dennoch ist auch hier eine detaillierte Dokumentation notwendig, wenn Ansprüche erfolgreich durchgesetzt werden sollen.

Tomic beschreibt die Dokumentation als wichtigsten Faktor für eine erfolgreiche Nachtragsforderung. Sie sei als obligate Voraussetzung und nicht als mühsame Verwaltungsarbeit zu sehen, die vor allem als Grundlage für die Durchsetzung dem Grunde nach diene und ablaufbegleitend und nicht nachträglich zu erstellen sei.[107]

Wichtig ist weiterhin, dass für jede Störung eine konkrete, einzelfallbezogene und umfangreiche Darstellung zu den Umständen vorgetragen werden kann. Der Auftragnehmer hat mithilfe der Dokumentation darzulegen, welche Umstände aus dem Bereich des Auftraggebers wie und zu welchem Teil von Störungen bzw. daraus resultierenden Bauzeitverlängerungen führen.[108]

Tab. 2.5 zeigt auf, welche Bestandteile eine sorgfältige Dokumentation beinhalten sollte. Zu dieser ist der Auftragnehmer im Übrigen selbst bei nicht gestörten Bauabläufen verpflichtet.[109]

---

[105]Vgl. Roquette et al. (2013) S. 201, Rdn. 615.

[106]Vgl. IWW (2008), S. 14.

[107]Vgl. Tomic (2014), S. 347, Rdn. 1 f.

[108]Vgl. Tomic (2014), S. 361, Rdn. 45.

[109]Nach dem BGH-Urteil VII ZR 5/91 vom 12.03.1992 muss der Auftragnehmer für eine angemessene Überwachung und Prüfung der Leistungen sorgen.

Tab. 2.5 Dokumentation im Bauwesen. (Ergänzt nach Mitschein (1999), S. 62 ff.; Reister (2014), S. 462 ff., ohne Anspruch auf Vollständigkeit)

Bautagebuch	Beinhaltet: Kapazitäten (Arbeitskräfte, Führungspersonal, Geräte, etc.), äußere Bedingungen, besondere Vorkommnisse, Anordnungen, usw. Evtl. gesondert: Betoniertagebuch
Soll-/Ist-Vergleich	Gegenüberstellung von Soll- und Ist-Stunden bei ungestörten Abschnitten und bei gestörten Abschnitten zum Nachweis des Mehrverbrauches
Planeingangslisten (Planlisten)	Besonders wichtig, um unterlassene Mitwirkungspflichten durchzusetzen. Dienen dem stetigen Vergleich zwischen Ausführungs- und Angebotsplänen. Wann erfolgte die Freigabe zu welchem Plan und mit welchem Index?[a]
Besprechungsprotokolle	Sollten den aktuellen Leistungsstand, Behinderungen, Unterbrechungen etc. beinhalten. Baubesprechungen sollten regelmäßig durchgeführt werden und die zugehörigen Protokolle von beiden Parteien unterzeichnet sein
Aktennotizen	Dienen zur Offenlegung von Änderungen in vertraglichen Leistungen, enthalten Vermerke zu Planänderungen, Zusammenfassungen von Besprechungen, etc. und werden der Gegenseite postalisch zugestellt
Schriftverkehr	Jeglicher Austausch zwischen den Parteien kann im Streitfall herangezogen werden und wichtig sein. Beinhaltet auch Behinderungsanzeigen, Mehrkosten- & Bedenkenanmeldungen etc.
Fotodokumentation	Auch später nicht mehr erkennbare Zwischenstände können aufgenommen werden, Erschwernisse werden festgehalten und Fertigungsabschnitte werden sichtbar
Aufmaßprotokolle	Dienen der Leistungsfeststellung und dem Vergleich mit den Mengen des Leistungsverzeichnisses und sollten von beiden Parteien gegengezeichnet werden
Kalkulationsgrundlagen	Werden für den Bezug zur Vertragsgrundlage benötigt (Mittellohn, Ansätze für AGK-, BGK-, & WuG-Zuschlag, etc.)

[a]Der Index gibt an, wie oft ein Plan bereits überarbeitet wurde. Der ursprüngliche Plan hat dabei keinen Index, der erste überarbeitete Plan startet mit dem Index „a". Wird dieser Plan erneut überarbeitet folgt „b" usw.

Hinzu kommt, dass, um eine lückenlose und vollständige Dokumentation vorzulegen, auch die Vorgeschichte der Störung aufgezeigt werden muss. Wie konnte es zu der Störung kommen? Wann ist die Störung erstmals aufgetreten? Wie wird die Ausführung dadurch beeinträchtigt? Welche Abschnitte bzw. Leistungen sind betroffen? Dies muss auch für unbeteiligte Dritte im Einzelvortrag nachvollziehbar und verständlich gemacht werden.

2.6   Zwischenfazit

Bei der Selektion der Anspruchsgrundlage kann der Auftragnehmer zwischen den Anspruchsgrundlagen auswählen, vorausgesetzt die einzelnen Voraussetzungen liegen vor. Zusammenfassend lässt sich festhalten, dass Ansprüche die aufgrund einer Anordnung geltend gemacht, und damit gemäß § 2 VOB/B berechnet werden, die größte Aussicht auf Erfolg haben. Sie lassen sich nach relativ klaren Vorgaben als Fortschreibung der Urkalkulation aufstellen und beinhalten somit alle Kostenpunkte.

In den anderen Fällen, der Entschädigung und dem Schadensersatz, ist die Dokumentation des Auftragnehmers der Schlüsselpunkt zu einer erfolgreichen Durchsetzung der Ansprüche bzw. zu einer Nachtragsbeauftragung durch den Auftraggeber. Es obliegt ihm nachzuweisen, ob der Auftraggeber die Ablaufstörung verschuldet oder diese zumindest zu vertreten hat. Da die Berechnung der Mehrkosten für eine Entschädigung genau wie die aufgrund einer Anordnung auf Grundlage der Urkalkulation berechnet werden kann, empfiehlt sich diese klar gegenüber der Schadensersatzforderung. Eine Schadensersatzforderung beruht auf konkret entstandenen Kosten, die entsprechend nachgewiesen werden müssen. An diesen Nachweis werden durch die Rechtsprechung sehr hohe Ansprüche gestellt.

Als logischer Konsequenz daraus folgt, dass es eines Ablaufschemas in Unternehmen bedarf, um zukünftig möglichst große Erfolgschancen beim Umgang mit Bauablaufstörungen zu haben.

Literatur

Gesetze, Verordnungen, Vorschriften und Normen

BGB (2020) Bürgerliches Gesetzbuch (BGB), Ausgabe 2020, 85. Auflage, Beck-Texte im dtv (Deutscher Taschenbuch Verlag), München
VOB (2019) Bundesvereinigung Mittelständischer Bauunternehmen e. V. (BVMB), Vergabe- und Vertragsordnung – Ausgabe 2019, Ernst Vögel Verlag, Stamsried

Monographien und Beitragswerke

Biermann M. (2005) Der Bauleiter im Bauunternehmen – Bauablaufstörungen, Nachträge, Dokumentation, 3. Aufl., Verlagsgesellschaft Rudolf Müller, Köln.
Born B.-L. (1980) Systematische Erfassung und Bewertung der durch Störungen im Bauablauf verursachten Kosten; Werner Verlag, Düsseldorf
Dreier F. (2001) Nachtragsmanagement für gestörte Bauabläufe aus baubetrieblicher Sicht, Dissertation, Universität Cottbus
Fischer P., Schonebeck K.-H., Keil W. (2001) Rechtsfragen im Baubetrieb, 4. Aufl., Werner Verlag, Düsseldorf
Freiboth A. (2006) Ermittlung der Entschädigung bei Bauablaufstörungen, Dissertation, Universität Braunschweig

Heiermann W., Riedl R., Rusam M. (2011) Handkommentar zur VOB, Teile A und B, 12. Aufl., Vieweg + Teubner Verlag, Wiesbaden

Ingenstau H., Korbion H. (2010) VOB Teile A und B – Kommentar, 17. Aufl., Werner Verlag, Düsseldorf

Kapellmann K.-H., Schiffers K. D. (2006) Vergütung, Nachträge und Behinderungsfolgen beim Bauvertrag, Band 1: Einheitspreisvertrag, 5. völlig neu bearbeitete und erweiterte Aufl., Werner Verlag, Düsseldorf

Leineweber A. (2002) Mehrkostenforderungen des Auftragnehmers bei gestörtem Bauablauf. In: Kapellmann K. D., Vygen K. (Hrsg.) Jahrbuch Baurecht 2002 – Aktuelles, Grundsätzliches, Zukünftiges, Werner Verlag, Düsseldorf, S. 107–141

Mitschein A. (1999) Die baubetriebliche Bewertung gestörter Bauabläufe aus Sicht des Auftragnehmers, Dissertation, Universität Aachen

Reister D. (2014) Nachträge beim Bauvertrag, 3. Aufl., Werner Verlag, Köln

Roquette A. J., Viering M. G., Leupertz S. (2013) Handbuch Bauzeit, 2. Aufl., Werner Verlag, Düsseldorf

Schmitt S. (2006) Allgemeine Geschäftskosten, Wagnis und gewinn bei Nachträgen und Störungen; In: Tagungsbericht Nr. 8 der Interdisziplinären Tagung für Betriebswirtschaft und Baurecht – Störungen im Bauablauf, Rechtsprechungsübersicht, Nachträge und Nachtragskalkulation, 1. Aufl., SEMINA Verlag, Neustadt, S. 86–104

Schottke R. (2006) Varianten der Schätzung gemäß § 287 ZPO bei der haftungsausfüllenden Kausalität; In: Tagungsbericht Nr. 8 der Interdisziplinären Tagung für Betriebswirtschaft und Baurecht – Störungen im Bauablauf, Rechtsprechungsübersicht, Nachträge und Nachtragskalkulation, 1. Aufl., SEMINA Verlag, Neustadt, S. 4–28

Stauf D. (2014) Gestörter Bauablauf – juristische Grundlagen für bauzeitliche Ansprüche, Seminarunterlage der Bundesvereinigung Mittelständischer Bauunternehmen e. V. (BVMB) vom 04.02.2015, Hannover

Tomic A. (2014) Bauzeit und zeitabhängige Kosten – in Vergabe, Vertrag und Nachtrag, 1. Aufl., Bundesanzeiger Verlag, Köln

Vygen K., Schubert E., Lang A. (2002) Bauverzögerung und Leistungsänderung: Rechtliche und baubetriebliche Probleme und ihre Lösungen, 4. neu bearbeitete und erweiterte Aufl., Werner Verlag, Düsseldorf

Wotschke M., Wotschke P. (2006) Minderleistung durch gestörten Bauablauf – Kennwerte in Theorie und Praxis. In: Tagungsbericht Nr. 8 der Interdisziplinären Tagung für Betriebswirtschaft und Baurecht – Störungen im Bauablauf, Rechtsprechungsübersicht, Nachträge und Nachtragskalkulation, 1. Aufl., SEMINA Verlag, Neustadt, S. 62–73

Zanner R., Saalbach B., Viering M. (2014) Rechte aus gestörtem Bauablauf nach Ansprüchen – Entscheidungshilfen für Auftraggeber, Auftragnehmer und Projektsteuerer, 1. Aufl., Springer Vieweg, Wiesbaden

Zimmermann J. (2010) Prozessorientierter Nachweis der Kausalität zwischen Ursache und Wirkung bei Bauablaufstörungen, Abschlussbericht, Fraunhofer IRB Verlag, Stuttgart

Zeitschriften und Zeitungen

Bötzkes F.-A. (2010) Gestörter Bauablauf – Baubetriebliche Ermittlung von Bauzeitverlängerungen und Berechnung der Mehrkosten. In: Bautechnik (Sonderdruck), 03/2010, S. 145-157

GPA (2007): o.V., Gemeindeprüfungsanstalt Baden-Württemberg, GPA-Mitteilung Bau 1/2007 vom 01.07.2007, Az. 600.535, S. 1–26

Heilfort T. (2001) Partnerschaftliches Management von Bauablaufstörungen: Mehr Erfolg durch Kooperation? In: Bauwirtschaft, Heft 9/2001, S. 28–29

Heilfort T. (2003) Praktische Umsetzung bauablaufbezogener Darstellung von Behinderungen als Grundlage der Schadensermittlung nach § 6 Nr. 6 VOB/B. In: BauR Heft 4/2003, S. 457–461

IWW (2008): o.V.; Bautagebuch mindert Haftungsrisiken. In: Planungsbüro professionell, Institut für Wissen in der Wirtschaft, Heft 03/2008, S. 14

Kumlehn F. (2004) Bewertung gestörter Bauabläufe der Höhe nach: Geht mit § 642 BGB für Auftragnehmer alles einfacher? In: Baumarkt+Bauwirtschaft, Heft 9/2004, S. 28–32

Leitzke W. (2006) Haftungsbegründende/haftungsausfüllende Kausalität. In: Schriftenreihe des IBB: Bauablaufstörungen und Entschädigungsberechnung, Institut für Bauwirtschaft und Baubetrieb (Hrsg.), Heft 41/2006, Braunschweig, S. 123–140

Mechning M., Völker B., Mack D., Zielke H. (2014) Ist das Bauzeitlabyrinth ein Irrgarten? In: NZBau – Neue Zeitschrift für Baurecht und Vergaberecht, Heft 02/2014, Beck, Frankfurt a. M., S. 85–92

Online-Dokument

Bieber M. (2009) Bauablaufstörungen – kurz angesprochen, Seminarvortrag, https://docplayer.org/25941369-Bauablaufstoerungen-kurz-angesprochen-dipl-ing-fh-m-bieber-seminarvortrag.html, Abrufdatum: 01.04.2020

Statistisches Bundesamt (2020) Index der Erzeugerpreise gewerblicher Produkte – Lange Reihen, Inlandsabsatz – Betonstahl, https://www.destatis.de/DE/Themen/Wirtschaft/Preise/Erzeuger-preisindex-gewerbliche-Produkte/_inhalt.html, Wiesbaden, Abrufdatum: 17.04.2020

Urteile

BGH-Urteil VII ZR 172/86 vom 12.03.1987
BGH-Urteil VII ZR 23/84 vom 27.06.1985
BGH-Urteil VII ZR 286/84 vom 20.02.1986
BGH-Urteil VII ZR 5/91 vom 12.03.1992
BGH-Urteil VII ZR 185/98 vom 21.10.1999
BGH-Urteil VII ZR 224/00 vom 21.03.2002
BGH-Urteil VII ZR 225/03 vom 24.02.2005
BGH-Urteil VII ZR 141/03 vom 24.02.2005
BGH-Urteil VII ZR 201/06 vom 18.12.2008
BGH-Urteil VII ZR 11/08 vom 11.05.2009
BGH-Urteil VII ZR 82/08 vom 10.09.2009
BGH-Urteil VII ZR 152/08 vom 10.09.2009
BGH-Urteil VII ZR 202/09 vom 08.03.2012
BGH-Urteil VII ZR 141/12 vom 08.05.2014
Urteil 20 U 164/84 des OLG Köln vom 14.06.1985
Urteil 17 U 56/00 des OLG Hamm vom 12.02.2004
Urteil 8 U 318/04 des OLG Jena vom 22.03.2005
Urteil 7 U 12/12 des KG Berlin vom 28.05.2013
Beschluss 11 U 70/13 des OLG Köln vom 27.10.2014
Urteil 11 U 102/12 des OLG Brandenburg vom 02.12.2015
Urteil 12 U 222/14 des OLG Brandenburg vom 18.02.2016

Der Leitfaden – schrittweise durch die Ermittlung der Mehrkosten

Um einen gerichtsfesten Nachtrag für Bauablaufstörungen aufzustellen, gibt es verschiedene Aspekte zu beachten. Hierfür bietet es sich an, nach einem erprobten Schema zu agieren.

Nachfolgend schließt sich eine systematische Vorgehensweise zur Ermittlung der Bauzeitverlängerung an, bevor es zu einer Berechnung der Mehrkosten anhand dreier Fallbeispiele (der Unterbrechung durch eine Störung, der Bindefristverlängerung und der Beschleunigung), auf Basis der oben genannten Anforderungen, kommt. Diese kann Schritt für Schritt, Kostenart nach Kostenart abgearbeitet werden und dient somit als eine „Anleitung" zur Berechnung der Mehrkosten gestörter Abläufe.

3.1 Situationsanalyse: Die Bearbeitung von Bauablaufstörungen

Bei der Analyse vergangener Nachträge aus dem Bereich der Bauablaufstörungen und durch Gespräche mit leitenden Mitarbeitern von mittelständischen Unternehmen am Markt wurde deutlich, dass eine Arbeitsanweisung für den Umgang mit Bauablaufstörungen, also die Aufstellung der störungsbedingten Mehrkosten mit den dazugehörigen Unterlagen und Nachweisen in einem gebündelten Nachtrag, der dann dem Auftraggeber übergeben wird, in den meisten Unternehmen oftmals nicht vorliegt.

Häufig wird die Erstellung der Mehrkosten durch die Störung dem jeweiligen Architekten oder Bauleiter der betroffenen Baustelle überlassen. Bei größeren Bauvorhaben oder komplizierteren Störungen werden zudem Gutachter für die Erstellung, bzw. zur Beurteilung der erstellten Nachträge eingesetzt, wodurch eine wiederum andere Bearbeitungsweise stattfindet.

© Der/die Herausgeber bzw. der/die Autor(en), exklusiv lizenziert durch Springer Fachmedien Wiesbaden GmbH, ein Teil von Springer Nature 2020

S. Ahting, *Nachtragsmanagement bei gestörten Bauabläufen*, https://doi.org/10.1007/978-3-658-30515-4_3

Bei dieser unfachmännischen Art der Nachtragserstellungen werden oftmals Kosten für verschiedene Ansprüche nicht genau voneinander getrennt. Im klassischen Fall einer Bauablaufstörung kommt es zu einer Störung, die den geplanten Ablauf so weit behindert, dass gegebenenfalls die Baumaßnahme unterbrochen werden muss. In diesem Fall kommt es erstens zu Stillstandskosten, zweitens zu Sekundärkosten für die kausal auf den Stillstand zurückzuführende Bauzeitverschiebung und drittens zu Kosten, die eine Bauzeitverlängerung mit sich bringt, beispielsweise durch eine Verschiebung in schlechtere Witterung, insbesondere in die Winterperiode. Möchte der Bauherr dennoch an dem vor Eintritt der Störung geplanten Endtermin festhalten oder sind vertraglich vereinbarte Termine einzuhalten, ist es notwendig Beschleunigungsmaßnahmen einzuleiten.

Oftmals werden die hieraus resultierenden Kosten nicht klar von den Kosten getrennt, die durch die Bauzeitverschiebung oder den eigentlichen Stillstand entstanden sind. Probleme gibt es hierbei, wenn die Anspruchsgrundlage sich unterscheidet.

Bei vielen Unternehmen werden teilweise einige Kostenerstattungsansprüche nicht geltend gemacht oder nicht berücksichtigt. Dies kann sowohl auf nicht vorhandenes Wissen, als auch auf projektbezogen unternehmenspolitische Gründe zurückzuführen sein. Es ist nicht immer sinnvoll, alle Kostenpunkte darzustellen. Dies bedarf einer, für jede Maßnahme einzeln zu treffenden Abwägung der Verantwortlichen, die auch unternehmenspolitische Hintergründe haben kann und nicht weiter thematisiert wird.

Der Fokus des nachfolgenden Leitfadens liegt vielmehr auf der Aufarbeitung etwaiger Wissenslücken. Außerdem sollte es in Unternehmen zukünftig bei der Geltendmachung von Ansprüchen und bei der Dokumentation eine klare Trennung zwischen den Stillstands- bzw. Störungskosten, den Kosten aus einer Bauzeitverlängerung, Kosten aus einer Bindefristverlängerung, den Kosten aus einer Bauzeitverschiebung und im Bedarfsfall den Beschleunigungskosten geben.

Im Folgenden werden Ansatzpunkte aufgezeigt, die zukünftig eine kostenmäßige Bewertung von Störungen im Bauablauf erleichtern sollen.

3.2   Ziele des Leitfadens

Das Ziel dieses Leitfadens ist es, eine Methode vorzugeben, die alle wichtigen Punkte verschiedener Herangehensweisen eint und alle theoretisch möglichen Ansatzpunkte umfassend darstellt. Der nachfolgende Leitfaden ist als ein möglichst einheitliches schematisiertes System zu verstehen, was eine erhöhte Nachvollziehbarkeit durch Dritte ermöglicht und zudem auch den rechtlichen und baubetrieblichen sowie den Anforderungen an Prüfungen entspricht.

Darüber hinaus soll er die Arbeit des Bauleiters so weit unterstützen, dass dieser sich bei zukünftigen Bauablaufstörungen diese „Anleitung" zur Hand nehmen kann, um sie Schritt für Schritt abzuarbeiten. Damit soll einem Suchen nach möglichen Vergleichsfällen im Archiv oder bei Kollegen Abhilfe geleistet werden.

Diese Unterstützung sieht im Optimalfall einen gezielten Einsatz der EDV vor. Ideal wäre demnach eine Aufstellung der Mehrkosten „per Knopfdruck". In der Praxis ist dies schwierig umzusetzen, da jedes Bauvorhaben bzw. jeder Fall einer Bauablaufstörung unter eigenen Voraussetzungen steht und andere Rahmenbedingungen hat. Dennoch ist eine Art Baukasten-System entstanden, aus dem jeder Bauleiter projektspezifisch die „Bausteine" herausnehmen kann, die benötigt werden, um eine fundierte Kostenaufstellung schnell und schematisiert durchzuführen.

3.3   Ermittlung der Bauzeitverlängerung

Dieser Abschnitt erläutert zunächst Grundsätze, die bei der Berechnung einer Fristverlängerung gelten und im Rahmen der Anforderungen der Rechtsprechung eingehalten werden sollten, bevor die Arbeitsschritte im Sinne der VOB/B konkret erläutert und anhand eines Berechnungsbeispiels durchgeführt werden.

3.3.1   Grundsätze zur Berechnung der Fristverlängerung

Grundsätzlich hat der Auftragnehmer bei Bauablaufstörungen, die der Auftraggeber zu verantworten hat, einen Anspruch auf eine Bauzeitverlängerung. Dies ist rechtlich ein vom Ersatz der Mehrkosten zu trennender Sachverhalt, welcher losgelöst vom Schadensersatz, der Entschädigung oder der zusätzlichen Vergütung behandelt werden muss. Der Anspruch auf eine Verlängerung der Ausführungsfristen stützt sich auf § 6 Abs. 1–5 VOB/B.[1]

Es wird dem Auftragnehmer demnach eine Fortschreibung um den durch die Behinderung verursachten Zeitraum ermöglicht.[2] Da die Nachweispflicht beim Auftragnehmer liegt, ist hier wiederum eine genaue Aufarbeitung und Dokumentation nötig.

So heißt es in § 6 Abs. 2 Nr. 1 a) bis c) VOB/B, dass die Ausführungsfristen verlängert werden, sobald eine Behinderung vorliegt, die auf den Auftraggeber, Streik, Aussperrung, höhere Gewalt oder andere für den Auftragnehmer unabwendbare Umstände, zurückzuführen ist.[3] Zudem muss der Auftragnehmer diese Behinderung i.S. des § 6 Abs. 1 formkorrekt[4] anmelden.

Fraglich ist, ob der Auftragnehmer auch bei zusätzlichen oder geänderten Leistungen einen Anspruch auf eine Bauzeitverlängerung hat. Vygen et al. erkennen an, dass gerade

---

[1]Vgl. Genschow und Stelter (2013), S. 29.
[2]Vgl. Stauf (2014), S. 25.
[3]Vgl. VOB (2019), Teil B § 6 Abs. 2.
[4]Siehe hierfür die Ausführungen in Abschn. 2.4.2 und Tab. 2.2 (Behinderungsanzeige).

dieser Fall für die Praxis von erheblicher Bedeutung ist.[5] Da eine Anordnung zusätzlicher oder veränderter Leistungen unstrittig in den Verantwortungsbereich des Auftraggebers fällt, ist die Frage zu bejahen. Damit die Voraussetzungen aus § 6 VOB/B auch in diesem Fall erfüllt sind[6], muss der Auftragnehmer auch hier zunächst eine Behinderung anmelden. Vygen et al. fügen hinzu: „Unabdingbare Voraussetzung für den Anspruch auf Bauzeitverlängerung ist [weiterhin], dass durch die Leistungsänderung tatsächlich eine Behinderung des [vertraglich vereinbarten] Bauablaufs eingetreten ist, was keinesfalls bei jeder Leistungsänderung oder Zusatzleistung zwingend ist."[7]

Da ein Greifen des § 6 Abs. 2 voraussetzt, dass die VOB/B als Vertragsgrundlage vereinbart ist, gilt, sobald die genannten Voraussetzungen für eine Verlängerung der Ausführungsfristen gemäß § 6 Abs. 2 Nr. 1 vorliegen, automatisch die Rechtsfolge: die „Ausführungsfristen werden verlängert"[8]. Dies erfolgt ohne weitere rechtsgestaltende Maßnahmen und bedarf auch keiner weiteren Vereinbarung zwischen den Parteien.[9] Anderer Ansicht zeigen sich Ingenstau/Korbion[10], die hier eine Vertragsfrist sehen, die nur durch Parteivereinbarung neu geregelt werden kann. So oder so empfiehlt es sich für beide Parteien eine Einigung über die verlängerte Frist zu erzielen. Roquette et al. verpflichten beide Seiten im Sinne des Kooperationsgebotes beim Bauvertrag[11] sogar dazu.[12]

Anders als bei der Ermittlung der Mehrkosten aus Bauablaufstörungen ist sich die einschlägige Fachliteratur[13] bei der Berechnung der Bauzeitverlängerung weitestgehend einig, da die VOB/B in § 6 Abs. 4 hier eine klare Vorgabe gibt:

---

[5]Vgl. Vygen et al. (2002), S. 99, Rdn. 138.

[6]Wichtig ist, dass die Behinderungsanzeige immer erstellt werden muss, sobald sich der Auftragnehmer in der ordnungsgemäßen Ausführung seiner Leistung behindert fühlt (vgl. § 6 Abs. 1 VOB/B). Dies gilt auch für vertragliche Fristen. Unterlässt der Auftragnehmer die Anzeige, hat er weder Anspruch auf eine Verlängerung der Ausführungsfristen noch auf Schadensersatz. Diese zwei Fälle sind voneinander zu trennen. Auch bei einer Berechnung der Mehrkosten nach § 2 Abs. 5/6 VOB/B ist die Behinderungsanzeige notwendig, sobald Ausführungsfristen betroffen sind.

[7]Vygen et al. (2002), S. 101 f., Rdn. 141.

[8]Vgl. VOB (2019), Teil B § 6 Abs. 2.

[9]Vgl. Roquette et al. (2013), S. 167, Rdn. 533 mit Verweis auf weitere Quellen u. a. Heiermann et al. (2011) § 6 VOB/B, Rdn. 26; Vygen et al. (2002), Rdn. 149, die dergleichen Meinung sind.

[10]Ingenstau und Korbion (2010), S. 1368 f., Rdn. 6 f., zu § 6 Abs. 4 VOB/B.

[11]BHG Urteil vom 20.10.1999 „Die Vertragsparteien eines VOB/B-Vertrages sind bei der Vertragsdurchführung zur Kooperation verpflichtet."

[12]Vgl. Roquette et al. (2013), S. 167, Rdn. 534.

[13]Vgl. u. a. Genschow und Stelter (2013), S. 33 ff.; Roquette et al. (2013), S. 164, Rdn. 524 ff.; Heiermann et al. (2011), S. 1013, Rdn. 22 ff.; Vygen et al. (2002), S. 108, Rdn.149 ff.; Ingenstau und Korbion (2010) S. 1365 ff., Rdn. 2 ff. zu § 6 Abs. 4.

- *„Die Fristverlängerung wird berechnet nach der Dauer der Behinderung mit einem Zuschlag für die Wiederaufnahme der Arbeiten und die etwaige Verschiebung in eine ungünstigere Jahreszeit."*

Diesem Wortlaut zufolge, kann der Auftragnehmer seine Ausführungsfrist um den gesamten Zeitraum der Behinderung verlängern. Dieser Behinderungszeitraum wird auch Primärverzögerung genannt. Als Sekundärverzögerungen folgen dann die von der VOB genannten Zuschläge für die Wiederaufnahme der Arbeiten und die Verschiebung in eine ungünstigere Jahreszeit.

Auch wenn die Berechnung der Fristverlängerung hinreichend deutlich erscheint, kommt es in der Praxis häufig zu Streitigkeiten. Potenzial hierfür birgt bereits der Terminus „Dauer der Behinderung". Zunächst ist daher zu überprüfen, ob die Behinderung auf der Baustelle auch tatsächlich zu einer Behinderung der Ausführung auf der Baustelle geführt hat. Kommt es zu einem Stillstand der Arbeiten, also ist die Behinderung so groß, dass einer Unterbrechung der Arbeiten keine Alternativen entgegenstehen, ist die Sachlage eindeutig. Führt aber beispielsweise der Auftragnehmer andere Arbeiten, bei denen er aus eigenem Verschulden heraus in Verzug geraten ist, aus, oder hat er andere Dispositionsmöglichkeiten innerhalb der Baustelle, mit denen er die Behinderung zeitlich auffangen kann, kann er nicht davon ausgehen, dass sich die Ausführungsfrist exakt um den Zeitraum der Behinderung verlängert. Wichtig zur Darlegung der tatsächlichen Dauer der Behinderung auf der Baustelle ist abermals eine sorgfältige Dokumentation der örtlichen Umstände (vgl. Abschn. 2.5.2).

Grundlage einer Berechnung der Fristverlängerung ist ein zwischen den Parteien abgestimmter Bauzeitenplan sowie der Soll-Ist-Vergleich mit dem störungsbedingt modifizierten Bauzeitenplan (Soll'-Methode gemäß Abschn. 2.5.2.2).

Dieser Bauzeitenplan gewinne umso mehr an Bedeutung, wenn es nicht zu dem klaren Fall der Unterbrechung der Arbeiten kommt, sondern die Ausführungen lediglich behindert (i.S. von erschwert) werden, und sich hieraus Unproduktivitäten[14] ergäben, die zu Leistungseinbußen führen. Anhand der fortgeschriebenen Bauablaufplanung Soll' kann einzelfallbezogen für jede Störung bzw. jede Leistung die Verzögerungsdauer im Vergleich zur kalkulierten Soll-Leistung erfolgen.[15]

Ein ebenfalls häufiger Streitpunkt zwischen den Vertragsparteien können im Vertrag vereinbarte Pufferzeiten sein. Auftraggeber sind i. d. R. der Ansicht, dass der Auftragnehmer i.S. des § 6 Abs. 3 VOB/B[16] dazu verpflichtet sei, diese aufzuzehren. Dem ist aus baubetrieblicher Sicht nicht zuzustimmen. So erkennen Vygen et al., dass der Auftragnehmer nicht verpflichtet sei, eigene Pufferzeiten für Behinderungen aus dem

---

[14]Siehe Abschn. 3.4.2.1.

[15]Vgl. Ingenstau und Korbion (2010), S. 1367, Rdn. 3.

[16]§ 6 Abs. 3 VOB/B beinhaltet die sogenannte „Schadensminderungspflicht" des Auftragnehmers, der demnach alles ihm Zumutbare zu tun hat, um die Arbeiten weiterzuführen.

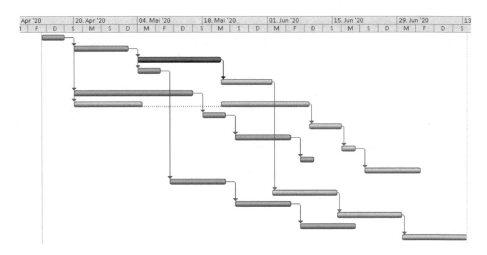

Abb. 3.1 Berechnung einer Fristverlängerung

Verantwortungsbereich des Auftraggebers zu opfern.[17] Diese Ansicht wurde 2011 erstmals durch das OLG Düsseldorf im Urteil Az. VI-U (Kart) 11/11 vom 20. Juli bestätigt, in welchem es heißt, dass gemäß „§ 6 Nr. 3 VOB/B a.F., […] der Auftragnehmer zwar alles tun [müsse], um die Weiterführung der Arbeiten zu ermöglichen [,] er […] aber nicht zur Beschleunigung verpflichtet [sei]. Sind im Bauzeitenplan Zeitpuffer vorgesehen, können sie solange nicht zur Kompensation herangezogen werden, solange der Auftragnehmer sie selbst noch zum Auffangen eigener Leistungsverzögerungen benötigt."

Richtig ist allerdings, dass der Auftragnehmer, wenn er durch anderweitige Arbeiten und Umdisponierungen die Folgen der Behinderung mindern und dadurch eine Bauzeitverlängerung vermeiden kann, dies auch im Rahmen seiner Schadensminderungspflicht nach § 254 BGB tun muss, solange es sich um zumutbare Umstände handelt, was im Einzelfall zu überprüfen ist.[18]

3.3.2 Die Berechnung der Fristverlängerung in der Praxis

Die Fristverlängerung berechnet sich nach den Vorgaben der VOB/B nach der Dauer der Behinderung. Diese ist nach dem Prinzip der Soll'-Methode, welche bereits im Abschn. 2.5.2.2 thematisiert wurde, zu bestimmen.

Abb. 3.1 zeigt eine Beispielrechnung zur Fristverlängerung an einem einfachen Beispiel einer 14-tägigen Unterbrechung der Arbeiten. Tab. 3.1 beinhaltet die zugehörigen Vorgangsdaten.

---

[17]Vgl. Vygen et al. (2002), S. 110, Rdn. 150.
[18]Vgl. Roquette et al. (2013), S. 166, Rdn. 531.

Tab. 3.1 Beispiel zur Berechnung der Fristverlängerung

Vorgang	Vorgangsname	Dauer	Anfang	Fertig stellen	Vorgänger
	Beispielvorgang 1	5 Tage	Mo 13.04.20	Fr 17.04.20	
	Beispielvorgang 2	10 Tage	Mo 20.04.20	Fr 01.05.20	1
	Unterbrechung	14 Tage	Mo 04.05.20	Do 21.05.20	2
	Beispielvorgang 3	5 Tage	Mo 04.05.20	Fr 08.05.20	2
	verschobener Bsp.-Vorgang 3	7 Tage	Fr 22.05.20	Mo 01.06.20	3
	Beispielvorgang 4	20 Tage	Mo 20.04.20	Fr 15.05.20	1
	verschobener Bsp.-Vorgang 4	24 Tage	Mo 20.04.20	Di 09.06.20	1
	Beispielvorgang 5	5 Tage	Mo 18.05.20	Fr 22.05.20	6
	verschobener Bsp.-Vorgang 5	5 Tage	Mi 10.06.20	Di 16.06.20	7
	Beispielvorgang 6	10 Tage	Mo 25.05.20	Fr 05.06.20	8
	verschobener Bsp.-Vorgang 6	3 Tage	Mi 17.06.20	Fr 19.06.20	9
	Beispielvorgang 7	3 Tage	Mo 08.06.20	Mi 10.06.20	10
	verschobener Bsp.-Vorgang 7	10 Tage	Mo 22.06.20	Fr 03.07.20	11
	Beispielvorgang 8	10 Tage	Mo 11.05.20	Fr 22.05.20	4
	verschobener Bsp.-Vorgang 8	10 Tage	Di 02.06.20	Mo 15.06.20	5
	Beispielvorgang 9	10 Tage	Mo 25.05.20	Fr 05.06.20	14
	verschobener Bsp.-Vorgang 9	10 Tage	Di 16.06.20	Mo 29.06.20	15
	Beispielvorgang 10	10 Tage	Mo 08.06.20	Fr 19.06.20	16
	verschobener Bsp.-Vorgang 10	10 Tage	Di 30.06.20	Mo 13.07.20	17

Zur Erläuterung:

- Die blauen Balken beschreiben den ursprünglichen Bauablaufplan „Soll".
- Nach Vorgang Nr. 2 bzw. im Vorgang Nr. 4 kommt es zu einer 14-tägigen Unterbrechung (schwarzer Balken) der Arbeiten, wodurch Vorgang Nr. 3 und der restliche Vorgang Nr. 4 erst zwei Wochen später ausgeführt werden können.
- Die Vorgänge Nr. 3 und Nr. 4 verlängern sich aufgrund der Unproduktivität durch Wiederanlaufen der Arbeiten.
- Der störungsbedingt modifizierte Bauablaufplan „Soll'" ist in den roten Balken dargestellt.
- Das Bauende verschiebt sich von Donnerstag dem 13.10. auf Freitag den 04.11. um 16 Werktage (Montag – Freitag).
- Insgesamt folgt daraus eine Fristverlängerung von 16 Werktagen, obwohl die Unterbrechung zwei Tage kürzer ausfiel. Dass sich allein der Vorgang Nr. 4 schon um vier Tage verlängert hat, bleibt unberücksichtigt, da dieser nicht auf dem kritischen Weg liegt.

3.3.2.1 Die Dauer der Behinderung

Wie bereits erläutert ist die Grundlage dieser Berechnung der Angebotsterminplan bzw. Soll-Bauablaufplan als vernetzter Balkenplan, in dem alle Abhängigkeiten klar ersichtlich sind. Dieser Soll-Terminplan zeigt jeden einzelnen Vorgang mit seiner frühesten möglichen Lage. Er zeigt ebenfalls den kritischen Weg[19] auf. In diesen Plan werden die für die Verschiebungen ursächlichen Störungen eingearbeitet und im Idealfall farblich abgegrenzt, wodurch sich der störungsbedingt modifizierte Soll'-Ablaufplan ergibt.[20]

Die Dauer der Behinderung „bestimmt sich nach der Zeit, während der wegen der Behinderung oder Unterbrechung die zunächst geplante, zügige und ordnungsgemäße Durchführung der geschuldeten Leistung nicht möglich war."[21]

Bei vollständigem Stillstand bedeutet dies, dass die Behinderung bis zur Wiederaufnahme der Arbeiten andauert. Führt die Behinderung allerdings lediglich zu einem verlangsamten Bauablauf, kommt es zu Leistungsminderungen bei Personal, Geräten, o. ä., die entweder mit baubetrieblichen Kennzahlen[22] oder über einen Vergleich der unbehinderten Leistung mit der behinderten Leistung[23] berechnet werden können.

Die letztliche Feststellung der Auswirkungen einzelner Verzögerungen auf den gesamten Bauablauf bezeichnen Vygen et al. als „reine Additionsaufgabe"[24]. Dabei ist zu beachten, dass nur verzögerte Abläufe auf dem kritischen Weg direkte Auswirkungen auf den gesamten Ablauf haben. Unkritische Abläufe verlängern den Bauablauf nur falls sie sich selber so verlängern, dass sie durch die Störung kritisch werden.[25]

Nach § 6 Abs. 4 VOB/B ist in die Fristverlängerung ein Zuschlag für die Wiederaufnahme der Arbeiten und die etwaige Verschiebung in eine ungünstigere Jahreszeit einzuberechnen.

Zugunsten des Auftragnehmers sind somit zwei Arten von Sekundärverzögerungen zu berücksichtigen.

3.3.2.2 Zuschlag für die Wiederaufnahme der Arbeiten

Im ersten Fall ist der Zeitraum für die Wiederaufnahme der Arbeiten, durch welche Unproduktivitäten, beispielsweise durch einen erneuten Antransport oder Aufbau von Großgeräten oder die Disposition und Umsetzung von Kolonnen, entstehen, zu beachten und ggfs. in die Fristverlängerung einzuberechnen. In die exakte Berechnung der Fristverlängerung sind solche Zeiträume einzurechnen, die erforderlich sind, um solche Vorkehrungen und Maßnahmen zu treffen, die aufgrund der Störung erforderlich

---

[19]Der kritische Weg beschreibt bei verknüpften Bauabläufen im Terminplan den Weg vom Anfang zum Ende eines Projektes, auf dem die wenigsten Zeitpuffer vorhanden sind.

[20]Vgl. Schofer (2014), S. 17.

[21]Heiermann et al. (2011), S. 1013, Rdn. 23.

[22]So u. a. Vygen et al. (2002) – genaue Erläuterungen hierzu in Abschn. 3.4.

[23]Roquette et al. (2013), S. 164 f., Rdn. 526.

[24]Vygen et al. (2002), S. 282, Rdn. 377.

[25]Vygen et al. (2002), S. 282, Rdn. 377 f.

sind und die sicherstellen, dass die vereinbarten Leistungen erfüllt werden können.[26] Hinzu kommen zudem Einarbeitungsverluste und Änderungen in der optimalen Abschnittsgröße sowie dem Fertigungsrhythmus.[27] Ein Vorschlag zur Berechnung der Unproduktivitäten aus diesen Bereichen folgt in Abschn. 3.4.

3.3.2.3 Zuschlag für die Verschiebung in eine ungünstigere Jahreszeit

Neben dem genannten Zuschlag für die Wiederaufnahme der Arbeiten ist nach der VOB/B auch ein Zuschlag für die Verschiebung in eine ungünstigere Jahreszeit zu berücksichtigen. Dieser soll witterungsbedingte Erschwernisse und eine erhöhte Personalausfallquote durch eine erhöhte Anfälligkeit für Krankheiten im Winter, sowie ein generelles Absinken der Arbeitsproduktivität zu dieser Jahreszeit ausgleichen.[28] Damit solche Leistungsminderungen berücksichtigt werden können, ist ebenfalls eine gute Dokumentation erforderlich. Witterungsausfalltage oder leistungsmindernde Witterungseinflüsse können etwa relativ gut nachvollzogen werden, wenn laut Soll-Ablaufplan keinerlei Arbeiten im Winter vorgesehen waren.

Vygen et al. weisen darauf hin, dass dies schwieriger zu ermitteln ist, wenn sich die Leistungen innerhalb eines Winters verschieben, also wenn ohnehin Arbeiten zu dieser Witterung geplant waren, jetzt aber andere Arbeiten ausgeführt werden müssen.[29] Grundsätzlich werden diese gleichermaßen berechnet. Dem Grundsatz von Treu und Glauben[30] nach und unter der Voraussetzung der Schadensminderungspflicht müssen demnach Vorgänge, die nun aus dem Winter herausgeschoben werden, ebenfalls kosten- und bauzeitmindernd angepasst werden.

Ein weiterer Aspekt ist die Verfügbarkeit des Personals. Diese kann sich durch den geänderten Zeitraum stark verändern und betrifft sowohl eigenes Personal als auch das Personal von Nachunternehmern. So kann es vorkommen, dass der Auftragnehmer sein Personal zum neuen Ausführungszeitpunkt woanders eingeplant hat und nun erhöhte Kosten entstehen oder die Verzögerungspause noch einmal verlängert werden muss, um ausreichend Kapazitäten abrufen zu können.

3.3.2.4 Möglichkeiten der Verzögerungsabminderung

An dieser Stelle ist nur der Vollständigkeit halber erwähnt, dass der Auftragnehmer nach § 6 Abs. 3 VOB/B „alles zu tun [hat], was ihm billigerweise zugemutet werden kann, um

---

[26]Vgl. Heiermann et al. (2011), S. 1013, Rdn. 24.

[27]Vgl. Roquette et al. (2013), S. 165, Rdn. 527.

[28]Vgl. Roquette et al. (2013), S. 165, Rdn. 527.

[29]Vgl. Vygen et al. (2002), S. 283, Rdn. 380.

[30]Nach § 242 BGB ist der Schuldner verpflichtet die Leistung so zu bewirken, wie Treu und Glauben es mit Rücksicht auf die Verkehrssitte erfordern. Der Schuldner hat sich demnach redlich zu verhalten.

die Weiterführung der Arbeiten zu ermöglichen". Dies kann auf die Abminderung von Verzögerungen übertragen werden. Hierbei sind die Umstellung des Bauablaufes und eine Beschleunigung einzelner Vorgänge zu nennen[31], wodurch die berechnete Dauer der Behinderung entsprechend anzupassen ist.

Die Frage, inwieweit die Kosten aus dieser Ablaufumstellung bzw. Beschleunigung an den Auftraggeber weitergereicht werden können oder i. V. m. der Schadensminderungspflicht sogar als Eigenanteil des Auftragnehmers anzusehen sind, ist rechtlich umstritten und wird an dieser Stelle nicht weiter untersucht.

3.4   Systematische Berechnung der Mehrkosten durch gestörte Bauabläufe

Bei der Berechnung der Mehrkosten muss zunächst die Frage nach der eigentlichen Störung klassifiziert werden. Liegt ein unterbrochener Bauablauf vor, wurde die Bauzeit verlängert oder hat sie sich verschoben? Muss die Maßnahme gegebenenfalls beschleunigt werden oder handelt es sich um den Sonderfall der Bindefristverschiebung z. B. durch ein Vergabenachprüfungsverfahren?

Danach ist, wie bereits dargestellt, die entsprechende Anspruchsgrundlage auszuwählen, da Vergütungs- und Schadensersatzansprüche anders behandelt werden als Entschädigungsansprüche. Eine Entscheidungshilfe hierfür bietet Tab. 3.2.

Nach Klärung dieser Punkte müssen die einzelnen Kostenpunkte detaillierter betrachtet werden. Diese sind in Tab. 3.3 dargestellt. Die Betrachtung soll feststellen, ob und in welchem Umfang der jeweilige Kostenpunkt von der Störung betroffen ist bzw. sein könnte.

3.4.1   Abgrenzung des Leitfadens bzw. der nachfolgenden Berechnung

In den nachfolgenden Berechnungen wurde mit den folgenden Annahmen gearbeitet. Auftragnehmer müssen diese im Einzelfall prüfen und ggf. anpassen.

- Die Berechnungsgrundlagen beziehen sich auf VOB/B-Verträge und im Falle der Bindefristverlängerung auf Vergabeverfahren nach der VOB/A.
- Mehrkostenansprüche für Mehr- oder Mindermengen, zusätzliche oder geänderte Leistungen werden nach § 2 Abs. 3, Abs. 5 und Abs. 6 VOB/B berechnet.

---

[31]Vgl. Vygen et al. (2002), S. 278, Rdn. 386.

Tab. 3.2 Checkliste für Anspruchsvoraussetzungen. (Entwickelt nach Reister (2014), S. 355, 363, 569 ff., 593 ff.)

§ 2 Abs. 5 VOB/B „geänderte Leistung"	Ja	Nein
Liegt ein Einheits- oder Pauschalpreisvertrag vor?		
Ist die VOB, mindestens Teil B vereinbart?		
Wurde nach dem Vertragsentwurf eine Bauentwurfsänderung oder Anordnung, d. h. eine vertragliche Leistung geändert?		
Geschah dies einseitig durch den Auftraggeber?		
Liegt dadurch eine tatsächliche Abweichung vom Bau-Soll vor?		
Ist mit der Änderung/Anordnung eine Veränderung der Preisgrundlage für die im Vertrag vorgesehene Leistung verbunden?		

§ 2 Abs. 6 VOB/B „zusätzliche Leistung"	Ja	Nein
Liegt ein Einheits- oder Pauschalpreisvertrag vor?		
Ist die VOB, mindestens Teil B vereinbart?		
Liegt eine tatsächliche Abweichung vom Bau-Soll vor, weil der Auftraggeber die Ausführung einer vertraglich nicht vorgesehenen Leistung fordert?		
Ist der Betrieb des Auftragnehmers auf die Leistungserbringung eingerichtet?		
Hat der Auftragnehmer seinen zusätzlichen Vergütungsanspruch vor Beginn der Ausführung angezeigt?		

§ 6 Abs. 6 VOB/B „Schadensersatz"	Ja	Nein
Liegt ein Einheits- oder Pauschalpreisvertrag vor?		
Ist die VOB, mindestens Teil B vereinbart?		
Glaubt sich der Auftragnehmer in der ordnungsgemäßen Ausführung seiner Arbeiten behindert?		
Hat der Auftragnehmer dies seinem Auftraggeber unverzüglich und schriftlich in Form einer Behinderungsanzeige angezeigt?		
Sind die hindernden Umstände kausal vom Auftraggeber zu vertreten?		
Hat der Auftragnehmer seinen zusätzlichen Vergütungsanspruch vor Beginn der Ausführung angezeigt?		
Ist ein tatsächlicher Schaden entstanden?		

§ 642 BGB „Entschädigung"	Ja	Nein
Hat der Auftraggeber eine vertragliche Mitwirkungspflicht verletzt?		
Ist der Auftragnehmer leistungsbereit und bietet seine Leistung an, wodurch der Auftraggeber in Annahmeverzug gerät?		
Ist es dadurch nachweisbar zu einer tatsächlichen Behinderung in der Bauausführung gekommen?		
Hat der Auftragnehmer dies dem Auftraggeber unverzüglich und schriftlich in Form einer Behinderungsanzeige angezeigt?		

(Fortsetzung)

Tab. 3.2 (Fortsetzung)

§ 642 BGB „Entschädigung"	Ja	Nein
Sind die durch die Behinderung entstehenden Mehrkosten ursächlich auf die angezeigte Behinderung zurückzuführen?		

Tab. 3.3 Ansatzpunkte für die Mehrkostenberechnung. (In Anlehnung an Roquette et al. (2013), S. 26)

Teilleistungen	Einzelkosten	Lohn
		Material
		Geräte
		Nachunternehmer
	Baustellengemeinkosten	Baustelleneinrichtung
		Technische Bearbeitung
		Gerätekosten
		Vorhaltekosten
		Baustellengehälter
Preiselemente	Allgemeine Geschäftskosten	
	Wagnis und Gewinn	
Zusatzkosten	Sachverständigen-/Gutachterkosten	
	Kosten für die Nachtragserstellung	

- Ansprüche auf Mehrkosten aus einer Unterbrechung und der Mehrkosten infolge der sich daraus ergebenden Bauzeitverlängerung stützen sich auf den Entschädigungsanspruch gemäß § 642 BGB und nicht auf Schadensersatz.
- Bei der Berechnung der direkten Kosten mit der unternehmerischen Umlage wird auch der Gewinnanteil aufgeschlagen, auch wenn der BGH sich bisher dagegen positioniert hat.[32] Aus baubetrieblicher Sicht[33] ist dies nicht akzeptabel.
- Die Mehrkosten aus der verzögerten Vergabe (Bindefristverlängerung) werden im Sinne des BGH in Anlehnung an § 2 Abs. 5 VOB/B ermittelt. Dabei werden auch die Kosten berücksichtigt, die bereits im Zeitraum des schwebenden Verfahrens anfallen. Diese sind bisher (Stand Frühjahr 2020) umstritten. Eine höchstrichterliche Entscheidung ob und in welchem Maße Auftragnehmer Anspruch auf eine Kostenerstattung in dieser vorvertraglichen Phase haben, steht noch aus. Aus unternehmerischer Sicht werden daher zunächst alle möglichen Kostenpunkte angesetzt.

---

[32]Vgl. BGH-Urteil VII ZR 185/98 vom 21.10.1999.

[33]Siehe hierfür die Ausführungen in Abschn. 2.4.3. Der Verfasser schließt sich der vorherrschenden baubetrieblichen Meinung an.

- Die Beschleunigung geschieht auf Anordnung des Auftraggebers und wird vor Beginn der Ausführung vereinbart. Der Anspruch stützt sich demnach auf § 2 Abs. 5 VOB/B und ist nicht Teil der Schadensminderungspflicht des Auftragnehmers.
- Teilweise werden für einen Kostenpunkt verschiedene Wege aufgezeigt, die Mehrkosten zu ermitteln. Welcher Weg im Einzelfall geeignet ist, bleibt projektspezifisch zu klären.

3.4.2 Allgemeingültige Aspekte bei der Berechnung von Bauablaufstörungen

Die Folgen von Bauablaufstörungen können unterschiedlicher Art sein. Relativ eindeutig ist ein erhöhter Aufwand durch die Bauleitung, bei den Aufsicht führenden Kräften, in der Koordination oder bei der Dokumentation. Sobald sich Bauzeiten verlängern, kommt es auch zu erhöhten Vorhaltedauern und höheren Lohnkosten. Zu diskutieren bleiben jedoch bspw. Mehrkosten, die sich aus Leistungsminderungen etwaiger Umstände ergeben oder durch Lohn- und Materialpreissteigerungen entstehen. Um Streitfälle zu vermeiden muss die Ermittlung der Mehrkosten transparent und nachvollziehbar aufgestellt werden. Zudem müssen grundsätzlich alle, vor allem aber strittige Ansprüche durch eine umfassende, detaillierte Dokumentation belegt werden.

Nachdem im vorangegangenen Abschn. 3.3 die Ermittlung der Verlängerung der Bauzeit beschrieben wurde, sind es nachfolgend die Mehrkosten, die aus dem jeweiligen Störungssachverhalt erwachsen, die auf Grundlagen der Baustelle zu ermitteln sind. Wie zuvor beschrieben werden die Mehrkosten im Folgenden auf die §§ 2 Abs. 5, Abs. 6 VOB/B bzw. 642 BGB gestützt, wodurch die Preisermittlung der Vertragspreise heranzuziehen und zu analysieren ist. Zeit- und leistungsabhängige Kosten können dabei sowohl in den Positionen des Leistungsverzeichnisses als auch in den Gemeinkosten enthalten sein.

In einer üblichen Kalkulation treten sowohl Einzelkosten der Teilleistungen (EkdT), Baustellengemeinkosten[34] (BGK) und Allgemeine Geschäftskosten (AGK) auf. Hinzu kommen Wagniskosten des Unternehmers und Gewinn, die zusammen als „WuG" betrachtet werden.

Bei den Allgemeinen Geschäftskosten muss eine differenzierte Betrachtung erfolgen. Nach Lang und Rasch sind in der Regel nur zu 70–80 % der Allgemeinen Geschäftskosten zeitabhängig.[35] Bei einer Ermittlung eines geänderten Preises nach § 2 VOB/B können 100 % der Allgemeinen Geschäftskosten angesetzt werden, da die Berechnung auf Grundlage der Kalkulation geschieht. Bei der Ermittlung von Schadensersatz nach § 6 Abs. 6 VOB/B dürften nur zeitabhängige Anteile, also 70–80 % der Geschäftskosten

---

[34]Synonym: „Gemeinkosten der Baustelle".
[35]Lang und Rasch (2002) S. 417.

angesetzt werden.[36] Dass die Gemeinkosten zu dem zu ersetzenden Schaden gehören, hat das OLG München[37] für die Entschädigung und das OLG Düsseldorf[38] für den Schadensersatz entschieden.

Zudem kommt es bei einigen Störfällen in der Folge zu Minderleistungen bei der Ausführung von Arbeiten, die als Produktivitätsminderungen zu verstehen sind. Nachfolgend werden in einigen Unterpunkten diese Produktivitätsminderungen berechnet. Da die Berechnung häufig der Auslöser für Streitigkeiten ist, soll der folgende Exkurs Übersichtlichkeit schaffen.

3.4.2.1 Exkurs zum Thema Produktivitätsminderungen

Die Produktivität wird als Kennzahl zwischen erbrachtem Output (z. B. Beton in m^3) und aufgewendetem Input (z. B. Lohnstunden in Std.) beschrieben. Eine störungsbedingte Produktivitätsminderung führt aus baubetrieblicher Sicht zu einer Verschlechterung der Aufwands- und Leistungswerte eines Prozesses.[39] Dies kann beispielsweise durch schlechte Witterung, übersetzte Kolonnen, Verluste des Einarbeitungseffekts, häufiges Umsetzen des Arbeitsplatzes oder Änderungen in den Abschnittsgrößen auftreten.[40]

Greune[41] erläutert, dass es bislang keine anerkannte Vorgehensweise zur Berechnung der Minderungen gibt, die sowohl die rechtlichen als auch die baubetrieblichen Anforderungen hinreichend erfüllen. Dies führe den Auftragnehmer häufig in das Dilemma, dass dem Grunde nach berechtigte und anerkannte Mehrkosten gegenüber dem Auftraggeber nur schwierig durchsetzbar seien, da sie der Höhe nach nicht zweifelsfrei feststellbar wären. Vielmehr berufen sich die Methoden überwiegend auf Erfahrungswerte und sind in den seltensten Fällen projektbezogen. Hinzu käme, dass keinerlei Daten über die zugrunde gelegten Quellen, also Art und Größe, sowie der Quantität der untersuchten Projekte bekannt seien. Dabei sind Produktivitätsverluste „bei vielen Bauprojekten mit einem gestörten Bauablauf hauptverantwortlich dafür, dass die Kosten nicht (mehr) eingehalten werden können."[42]

Bei der Ermittlung von Produktivitätsminderungen über Kennzahlen, Faktoren oder Prozentsätze, wie es beispielsweise Vygen et al.[43] handhaben, ist demnach Vorsicht

---

[36]Vgl. u. a. Bötzkes (2015), Folie 73 von 82 und Vygen et al. (2002) S. 379, Rdn. 506.

[37]Urteil 23 U 4090/90 vom 9.11.1990 des OLG München.

[38]Urteil 23 U 151/86 vom 28.04.1987 des OLG Düsseldorf.

[39]Vgl. Greune (2014) S. 1.

[40]Vgl. Roquette et al. (2013), S. 185, Rdn.603.

[41]Vgl. Greune (2014) S. 1.

[42]Greune (2012), S. 1.

[43]Vygen et al. (2002), S. 348 ff., Rdn. 454 ff.

geboten. Sie erfolgen letztlich auf Basis abstrakter Annahmen und sind deshalb nicht projektbezogen, wodurch sie eher als Schätzung gemäß § 287 ZPO zu sehen seien und im Einzelfall weiter konkretisiert werden müssten.[44]

Dem ist entgegen zu stellen, dass eine solche haftungsausfüllende Schätzung zugelassen ist, solange die Haftungsbegründung den notwendigen Detaillierungsgrad erreicht und eine genaue Ermittlung unverhältnismäßig wäre.

Daher bietet dieses Verfahren eine Methode, Minderleistungen im gestörten Bauablauf zu bestimmen. Eine weitere Methode erläutern Roquette et al.[45] Hierbei werden die zusätzlich anfallenden Lohnstunden konkret anhand eines Soll-/Ist-Vergleiches der kalkulierten und der tatsächlichen Stunden (und damit projektbezogen) verglichen. Um eine erforderliche Abgrenzung zu schaffen, müssen Arbeitsstunden aus unbehinderten Bereichen, die zeitgleich weiterlaufen können, abgezogen werden.[46]

Nach diesem Prinzip wird auch bei der „Earned Value"-Methode[47] vorgegangen, welche als Controllingmethode auch Bestandteil der DIN 69901-3 „Projektmanagement – Projektmanagementsysteme – Teil 3: Methoden" ist. Der Produktivitätsverlust ergibt sich hierbei aus der Differenz der Ist- und der Soll-Stunden. Funktionieren kann diese Methode jedoch nur, wenn die Kalkulation des Auftragnehmers angemessen ist, da das Ergebnis sonst schnell fälschliche Werte beziffern könnte.

Als letzte Methode zur Messung von Produktivitätsminderungen sei an dieser Stelle noch der Vergleich der gestörten Leistung mit der einer ungestörten Leistung erwähnt. Diese Methode wird in den USA auch als „Measured Mile"-Methode bezeichnet und „in der internationalen Literatur […] regelmäßig als die zuverlässigste am weitesten verbreitete und am häufigsten angewendete Methode beschrieben."[48] Sie ist projektbezogen und vergleicht im Optimalfall zwei identische Leistungen (gestört und ungestört) miteinander, wodurch transparent offengelegt wird, wie viel länger der gestörte Ablauf dauert. Dies hat den Vorteil, dass die Kalkulation, anders als bei der „Earned Value"-Methode, nicht einbezogen wird.[49] Voraussetzung hierfür ist allerdings, dass zwei wirklich identische Leistungen verglichen werden, bei denen auch die jeweiligen Randbedingungen identisch sind. Sobald der komplette Bauablauf, beispielsweise durch einen Stillstand, gestört wird, ist dies allerdings kaum praktikabel.

---

[44]Vgl. Roquette et al. (2013), S. 276, Rdn 906.

[45]Vgl. Roquette et al. (2013), S. 275 f., Rdn. 903 ff.

[46]Vgl. Kapellmann und Schiffers (2006), S. 732 f., Rdn. 1593 f.

[47]Die „Earned Value"- oder auch „Earned Hours"-Methode beschreibt eine Möglichkeit, zu einem bestimmten Stichtag eine Übersicht über Kosten- bzw. Leistungsabweichungen bzgl. des aktuellen Projektstands zu bekommen.

[48]Greune (2014), S. 21.

[49]Vgl. Greune (2014), S. 14.

Tab. 3.4 Mehrkosten aus einem Baustopp

Stillstandskosten	Kosten aus Leistungsver-schiebungen	Sonstige Kosten
Anpassung der BGK	Lohnanpassungen	Kosten für die interne Nach-tragsbearbeitung
Vorhaltekosten der BE	Kosten für Baustoffpreis-erhöhungen	
Unterdeckung der AGKs		
Ausfallzeiten von Personal	Kostenerhöhungen bei Nach-unternehmern	Gutachter- und Sachver-ständigenkosten
Kosten aus Kurzarbeit		
Bereitstellungskosten	Zusätzliche Leistungen	

3.4.3 Stillstand/Unterbrechung mit dazugehöriger Bauzeitverlängerung

Ein Nachtrag zum Thema Stillstand bzw. einer Unterbrechung der Arbeiten soll die im Zusammenhang mit der Baustellenstilllegung und der daraus resultierenden Bauzeit-verlängerung entstandenen Mehrkosten aufzeigen. Diese werden in Tab. 3.4 dargestellt. Sie resultieren sowohl aus der Stillliegezeit nach dem Stopp bis zum störungsbedingt modifizierten Wiederbeginn an sich (zeitabhängige Kosten), als auch aus der Leistungs-verschiebung (leistungsabhängige Kosten). Hinzu kommen Kosten, die aus der Bauzeit-verlängerung entstehen, die wiederum eine Sekundärfolge ist. Weiter entstehen Kosten für die Nachtragserstellung/-bearbeitung sowie gegebenenfalls Gutachterkosten.

Die Preisermittlung erfolgt im Folgenden nach § 642 BGB.

3.4.3.1 Stillstandskosten

Nachfolgend eine Übersicht zu den auftretenden Kostengruppen, die sich durch einen Stillstand für die jeweilige Baustelle ergeben können.

Vorhaltekosten

Aufgrund einer Stilllegung der Baustelle können dem Auftragnehmer Stillstandskosten sowohl für eigene Geräte und Schalungen, als auch für die Geräte und Maschinen der Nachunternehmer entstehen. Diese müssen trotz des Stillstandes bezahlt und gewartet bzw. gepflegt werden. Für die ersten 10 Kalendertage werden dabei nach den Vorgaben der Baugeräteliste (BGL) die volle Abschreibung und Verzinsung (Miete) sowie die vollen Reparaturkosten berechnet. Vom 11. Kalendertag an werden 75 % sowie 8 % für Wartung und Pflege von der Abschreibung und Verzinsung angesetzt. Die Reparatur-kosten entfallen.[50]

---

[50]Vgl. BGL (2015), S. 23

	Beginn	Ende	entspricht	Vorhaltezeit		
				in Tagen	in Monaten	in Wochen
Baustopp	21.02.2020	01.05.2020		70	2,3	10

	Beginn	Ende	entspricht	Vorhaltezeit		
				in Tagen	in Monaten	in Wochen
ursprüngliche Bauzeit	01.08.2019	30.05.2020		303	10,0	43

Verlängerte Vorhaltung:

	ursprünglich geplant			verlängerte Vorhaltung			
	gesamt*	Tage	pro Tag	Tage	1.-10. KT	ab 10. KT	Gesamt
Miete	195.000,00 €	303	643,56 €	70	6.435,64 €	28.960,40 €	35.396,04 €
Reparaturkosten	100.000,00 €	303	330,03 €	70	3.300,33 €	------	3.300,33 €
Wartung&Pflege	---------		---------		---------	3.089,11 €	3.089,11 €
							41.785,48 €
	*gem. Urkalkultation					U-Zulage gemäß Urkalk. =	11,50%
						Mehrkosten =	46.590,81 €

Abb. 3.2 Kosten aus der verlängerten Schalungs- und Gerätevorhaltung

Eine mögliche Vorgehensweise zur Ermittlung dieser Kosten ist in Abb. 3.2 zu sehen.

Anzusetzen ist die gesamte Zeit der im „störungsbedingt modifiziertem BZP" (Soll'-Ablaufplan) ausgewiesenen Unterbrechung als Stillliegezeit. Das vorläufige Endergebnis ist mit der kalkulierten Zulage[51] (in diesem Beispiel 11,5 %) zu beaufschlagen.

Für die verlängerten Vorhaltekosten der Nachunternehmer gilt, dass sie als direkte Einzelkosten nach einer Beaufschlagung mit der kalkulierten Zulage des Auftragnehmers direkt weitergegeben werden können.

Ausfallzeit des Personals und Kurzarbeitergeld

Durch den Stillstand der Baustelle kann es, sofern keine Ausweicharbeiten (z. B. durch andere Aufträge) vorhanden sind, neben den Vorhaltekosten für Materialien und Geräte zu einer fehlenden Auslastung des Baustellenpersonals kommen, da eine Akquise von Neuaufträgen innerhalb der gebotenen Kürze nicht möglich ist. Der Zeitraum zwischen Angebotsabgabe und Baubeginn einer neuen Maßnahme beträgt bei Ingenieurbauwerken öffentlicher Auftraggeber und mittelständischer Unternehmen erfahrungsgemäß zirka vier Monate. Hinzu kommen der Kalkulationszeitraum und die Tatsache, dass nicht jede Kalkulation erfolgreich bestritten wird, sodass ein durchschnittlicher Vorlauf für neue Aufträge mindestens sieben Monate in Anspruch nimmt.

Kausal auf diesen Stillstand zurückzuführen entstehen dem Auftragnehmer sowohl Kosten für die Ausfallzeiten der gewerblichen Mitarbeiter (ggf. auch Kosten aus Kurzarbeit[52]) als auch für angestelltes Personal, welches für die Baustelle vorgesehen ist.

---

[51]Hier darf der Anteil der Umlage der Baustellengemeinkosten nicht enthalten sein.

[52]Unter Kurzarbeit versteht sich im Bauwesen eine temporäre Verringerung der regelmäßigen Arbeitszeit durch zu wenige Arbeitsmöglichkeiten. Hiervon kann ein Teil der Arbeitskräfte oder im Extremfall sogar alle Arbeitnehmer betroffen sein. Bei angemeldeter Kurzarbeit arbeiten die betroffenen Arbeitnehmer weniger oder überhaupt nicht.

	Beginn Baustopp	21.02.2020		
	Ende Baustopp	01.05.2020		
	entspricht:	70	Kalendertage Baustopp =	2,3 Monate

	Monate	Kosten pro Monat*	Ansatz*	
Projektleiter	2,3	10.500,00 €	25,00%	6.041,10 €
Bauleiter	2,3	9.500,00 €	100,00%	21.863,01 €
Polier	2,3	7.800,00 €	75,00%	13.463,01 €

	Summe	41.367,12 €
*gem. Urkalkulation	U - Zulage	33,96%
		55.415,40 €

Abb. 3.3 Kosten durch den Personalausfall während der Stilliegezeit

Bei der Ermittlung der eigenen Personalkosten können die Ansätze der Kalkulation für den Zeitraum der Unterbrechung fortgeschrieben werden. Dies ist Beispielhaft in Abb. 3.3 zu sehen.

Wichtig ist hierbei, dass vor allem bei den Kosten des gewerblichen Personals nicht nur im Unterbrechungszeitraum Mehrkosten entstehen, sondern dass auch in der danach folgenden Wiederanlaufphase Unterdeckungen anzusetzen sind bzw. weniger Personal eingesetzt werden kann. Dies wird in Abb. 3.4 dargestellt. Die blauen Balken zeigen den ursprünglichen und die orangenen Balken den neuen Kapazitätenverlauf.

Eine genaue Berechnung der Kosten durch den Ausfall des gewerblichen Personals bei einem Stillstand beispielhaft in Abb. 3.5 dargestellt.

Der zugehörige Kapazitätenverlauf zu diesem Beispiel ist in Abb. 3.6 abgebildet.

Die Ermittlung der Kosten durch angemeldete Kurzarbeit ist komplizierter. Buchhalterisch nachweisbar ist hier lediglich der Sozialversicherungsbeitrag, der bei angemeldeter Kurzarbeit in den Monaten von März bis November fällig wird. In der Winterzeit fallen nur Lohnnebenkosten, als Fixkosten an. Ein Formblatt zur möglichen

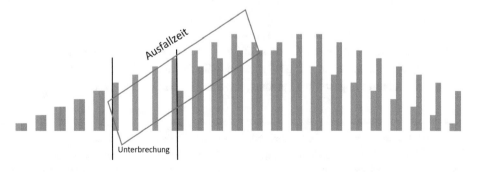

Abb. 3.4 Exemplarischer Kapazitätenverlauf bei einer Unterbrechung

	Beginn	Ende
Baustopp	01.03.2018	01.07.2018

Monat nach altem BZP	Stunden pro Monat		weniger eingesetzte Stunden:
	urpsrünglich geplant	störungsbedingt modifiziert	
Nov 17	845	845	0
Dez 17	1304	1304	0
Jan 18	2276	2276	0
Feb 18	3012	3012	0
Mrz 18	3012	0	3012
Apr 18	3012	0	3012
Mai 18	2276	0	2276
Jun 18	2276	0	2276
Jul 18	2504	3012	0
Aug 18	2504	3012	0
Sep 18	1722	3012	0
Okt 18	1372	3012	0
Nov 18	570	2900	0
Dez 18	130	2645	0
Jan 19		2276	0
Feb 19		2276	0
Mrz 19		2100	0
Apr 19		1722	0
Mai 19		1372	0
Jun 19		570	0
Jul 19		130	0
		Summe	10.576

Euro/Std.	Ansatz	Kosten KUG*	Kosten
49,60 €	100%	-	524.569,60 €
-	-		- €
U-Zulage	33,96%		178.143,84 €
			702.713,44 €

*müssen berücksichtigt werden

Abb. 3.5 Personalkosten durch den Arbeitsausfall (gewerblich)

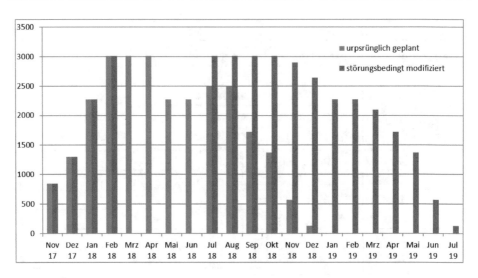

Abb. 3.6 Übersicht über die Kapazitäten

Ermittlung der Kosten aus der Kurzarbeit könnte gemäß Abb. 3.7 bzw. Abb. 3.8 aufgebaut werden. Der Arbeitgeberanteil der Sozialversicherung (SV-AG) und die Stunden der Kurzarbeit müssen dabei der Buchhaltung entstammen.

Die Fixkostenanteile des Mittelohns müssen in diesem Fall berücksichtigt werden, da der Auftragnehmer diese auch trägt, wenn die restlichen Kosten durch die Sozialkasse übernommen werden.

	Beginn	Ende	entspricht	Vorhaltezeit		
				in Tagen	in Monaten	in Wochen
Baustopp	01.03.2020	01.07.2020		122	4,0	17

Mannschaftsstärke:		13	Mann	effektive Mannstärke:	12,75
Unproduktivität Polier:		25%		unproduktiver Polier:	0,25
					1,96%

Ausfallmonat	SV-AG Anteil*	Std-KuG		Stunden laut Bauzeitenplan	
				Alt	Neu
Mrz. 20				807	0
Apr. 20	7.111,00 €	1374		1304	0
Mai. 20	6.235,00 €	1263		2276	0
Jun. 20	2.494,00 €	509		1750	0
Jul. 20	1.230,00 €	300		3012	807
	17.070,00 €	3446		9149	807

$$\begin{aligned} \text{Differenz} &= 8342 \quad \text{Std} \\ \text{anteilig unprod. Polier} &= \underline{164} \qquad\qquad 1{,}96\% \\ &= 8506 \quad \text{Std} \end{aligned}$$

Abb. 3.7 Formblatt zur Ermittlung der Stunden für Kurzarbeit

Kosten

	Stunden [h]	Mittellohn [€/h]	Fixkostenanteil	Summe
KUG - Anteil	3446			17.070,00 €
nicht ersparte Lohnkosten	8506	49,60	15,70%	66.234,56 €

	Summe	83.304,56 €
	U-Zulage	33,96%
		111.594,79 €

Fixkostenanteile des Mittellohns

Tarifliches Weihnachtsgeld	5,80%
Gesetzliche Feiertage	3,50%
Tarifliche / gesetzliche Ausfalltage	2,00%
Tarifliche Altersvorsorge	0,60%
Lohnbüro	1,50%
Leistungs- und Treueprämien / Stammarbeiterzulage	1,10%
Betrieblicher Soziallohn / SGB-Abgabe / Arbeitsschutz	1,00%
Verbandsbeiträge / Versicherungen	0,20%
	15,70%

Abb. 3.8 Formblatt zur Ermittlung der Kosten aus Kurzarbeit

Baustellengemeinkosten für die ermittelte Dauer des Stillstands

Je nach Baumaßnahme entstehen die oben beschriebenen Ausfälle gerade im Bereich des Leitungspersonals nicht zwangsläufig. Es kann auch Maßnahmen geben, in denen während der Unterbrechung vermehrt Gespräche und Verhandlungen geführt werden müssen, wodurch Bau- und Projektleiter sogar einen Mehraufwand haben und sich die Einsatzzeiten des Leitungspersonals verlängern. Wie diese berechnet werden können, zeigt Abb. 3.9. Neben der Dauer der Beschäftigung können sich sowohl das monatliche Gehalt als auch die Anzahl der Mitarbeiter und/oder die prozentuale Auslastung der Personen ändern. Im folgenden Beispiel verlängert sich lediglich die Einsatzdauer um die Zeit der Unterbrechung von vier Monaten.

Hinzu kommen weitere baustellenbezogen Kosten, die etwa in der Arbeitsvorbereitung bzw. für die verlängerte Bearbeitung des Objektes (inkl. Kosten für Büromaterial, sowie Telefon, Fax und weitere Leistungen) anfallen, aber nicht anhand der Allgemeinen Geschäftskosten abgerechnet werden.

Bereitstellungskosten für das technische Büro und gewerbliches Personal

Der Auftragnehmer ist verpflichtet, die angegebenen Kapazitäten für die Ausführung der Leistungen den gesamten Zeitraum der Behinderung bereitzuhalten, um nach ihrem Wegfall, gemäß § 6 Abs. 3 VOB/B, unverzüglich die Arbeiten wieder aufnehmen zu können (solange ihm dies billigerweise zugemutet werden kann). Allein aus diesem Grund kann er keine anderweitigen vertraglichen Bindungen eingehen.

Dadurch entstehen Bereitstellungskosten für das technische Büro, welches nur zu einem gewissen Prozentsatz angesetzt werden kann, da es üblicherweise noch weitere Baustellen und die Kalkulation betreut, sowie für das gewerbliche Personal. Da letzteres schon im Punkt: „Personalkosten durch den Arbeitsausfall" berücksichtigt ist, beschreibt

Beginn Baustopp	01.03.2020		
Ende Baustopp	01.07.2020		
entspricht:	122	Kalendertage =	4,0 Monate

Urkalkulation

Anzahl	Funktion	[€/Monat]	Auslastung	Monate	Lohnkosten [€]
1	Projektleiter	10500	25%	20	52.500,00 €
1	Bauleiter	9650	100%	20	193.000,00 €
1	Polier	7845	70%	19	104.338,50 €
				Summe	349.838,50 €

Neuberechnung

Anzahl	Funktion	[€/Monat]	Auslastung	Monate	Lohnkosten [€]
1	Projektleiter	10500	25%	20	52.500,00 €
1	Bauleiter	9650	100%	20	193.000,00 €
1	Polier	7845	70%	19	104.338,50 €
Hinzu:					
1	Projektleiter	10500	25%	4,0	10.528,77 €
1	Bauleiter	9650	100%	4,0	38.705,75 €
				Summe	399.073,02 €

Differenz aus Neuberechnung - Urkalkulation =	49.234,52 €
U-Zulage gemäß Urkalk. =	33,96%
Mehrkosten =	65.954,56 €

Abb. 3.9 Kosten für zusätzliches Personal während der Unterbrechung

dieser Fall eine Unproduktivität (von bspw. 25 % in Abb. 3.10). Diese stellt sich ein, wenn das Personal ineffektiv auf Ausweichbaustellen eingesetzt wird.

Kosten durch Unproduktivitäten auf anderen Baustellen

Neben dem Fall, dass es zu einem Arbeitsausfall des Personals kommt, kann es bei einer Unterbrechung auch vorkommen, dass das Personal auf anderen Baustellen eingesetzt wird, sofern Arbeit auf anderen Baustellen vorhanden ist. Dabei ist zu beachten, dass es auf den Ersatzbaustellen zu Unproduktivitäten durch überbesetzte Kolonnen und die Anzahl gleichzeitig Beschäftigter kommen kann. Diese Leistungsminderungen werden im Zuge des Abschn. 3.4.5.1 anhand der Beschleunigungsmaßnahmen erläutert, bei der diese Effekte vermehrt auftreten.

	Anfang	Ende	entspricht	Verschiebung		
				in Tagen	in Monaten	in Wochen
Baustopp	01.03.2020	01.07.2020		122	4,0	17

Bereitstellungskosten technisches Büro

Für die Bereitstellung des technischen Büros werden 20% der Arbeitszeit in Ansatz gebracht, in denen die Kapazitäten nicht anderweitig eingesetzt werden konnten.

Anzahl der Mitarbeiter	Wochen	Std/Woche	Euro/Stunde	Ansatz	Kosten
2	17	40	65	20%	18.062,15 €

Bereitstellungskosten gewerbliches Personal

Für die Bereitstellung des gewerblichen Personals werden 25% der Stunden einer mittleren Mannschaftsstärke in Ansatz gebracht, die aus einer Unproduktivität entstehen.

Anzahl der Mitarbeiter	Wochen	Std/Woche	Euro/Stunde	Ansatz	Kosten
8	17	40	49,6	25%	68.914,05 €

Summe	86.976,20 €
U-Zulage	33,96%
	116.513,32 €

Abb. 3.10 Bereitstellungskosten während der Unterbrechung

3.4.3.2 Kosten durch die Ausführung der Arbeiten in einem späteren Zeitraum

Es folgt eine Übersicht zu den möglicherweise auftretenden Kostengruppen, die sich durch eine Ausführung zu einem späteren Zeitraum für die jeweilige Baustelle ergeben können.

Mittellohnanpassung

Durch den zwischenzeitlichen Stillstand der Baustelle kommt es zu einer Verschiebung der eigentlichen Bauzeit. Durch diese Verschiebung der Leistung in einen späteren Zeitraum werden diese in anderen Abrechnungszeiträumen ausgeführt, wodurch sich ein Anspruch auf die Anpassung der Lohnkosten ergeben kann. Hieraus können sich die folgenden Mehrkosten ergeben:

- Höhere Grundlöhne z. B. durch Tariferhöhungen
- Veränderte/höhere Auslöse, z. B. durch anderes Personal
- Veränderte/höhere Sozialzuschläge
- Veränderte/höhere Überstunden-/Erschwerniszuschläge
- Veränderte/höhere Lohnnebenkosten (bspw. für Winterarbeitskleidung, Urlaubs- und Weihnachtsgelder, Vermögenswirksame Leistungen, Zuschläge für Mehrarbeit, Nachtarbeit oder Sonn- und Feiertagsarbeit und Treueprämien bzw. sonstige Prämien)
- Kilometergeldanpassung/Änderung Fahrtkosten

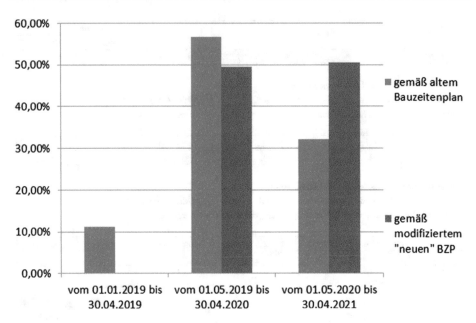

Abb. 3.11 Beispiel zur Stundenverteilung

Abb. 3.11 zeigt eine mögliche Verschiebung der Arbeitsstunden in spätere Zeiträume. Sobald es zu einer (tariflichen) Lohnerhöhung kommt, kann der Teil der Stunden, der sich in die neue Lohnperiode geschoben hat, mit einem erhöhten Lohn gerechnet werden.

Sollten gemäß dem ursprünglichen Bauzeitenplan bspw. 1000 h in der späteren Lohnperiode ausgeführt werden und erhöht sich diese Stundenzahl aufgrund der Verschiebung auf 1500 h, können 500 h mit dem erhöhten Stundensatz berechnet werden.

Der Mittellohn kann entweder komplett neu, oder im Sinne der Fortschreibung der Urkalkulation, als Zulage-Kalkulation zum bisherigen Mittellohn (bspw. Zulage für erhöhte Auslöse- und Unterbringungskosten) berechnet werden.

Gehaltssteigerungen des Personals

Analog zu der Mittellohnanpassung ergeben sich auch Mehrkosten durch eine Gehaltserhöhung für das angestellte Personal. Dies bezieht sich vor allem auf die Projektsteuerung, die Bauleitung und den Polier, wobei die kalkulatorischen Ansätze mit erhöhtem Gehalt in diesen Fällen fortgeschrieben werden. Im Beispiel der Abb. 3.12 erfolgt eine tarifliche Erhöhung der Gehälter um 2,6 %.

Baustoffpreiserhöhungen

Ein weiterer zu beachtender Faktor sind Baustoffpreiserhöhungen. Auch diese können durch die Ausführung in einem späteren Zeitraum entstehen.

Wenn für einzelne Materialien durch den Lieferanten ausdrücklich Preisteuerungen verlangt werden oder sich die Baustoffpreise zwischen dem tatsächlichen

	Gehalt pro Monat	Monate	Summe
Projektleiter	10.500,00 €	7	73.500,00 €
Bauleiter	9.500,00 €	7	66.500,00 €
Polier	8.500,00 €	9	76.500,00 €
			216.500,00 €
Gehaltssteigerung		x	2,60%
		=	5.629,00 €
	U-Zuschlag:	33,96%	1.911,61 €
	Mehrkosten:		7.540,61 €

Abb. 3.12 Gehaltskostenanpassung

Ausführungstermin und dem ursprünglich vertraglich geplanten Ausführungstermin erhöhen, muss dieser weitergegeben werden.

Eine solche Baustoffpreiserhöhung ist vor allem bei großen Mengen wie beispielsweise Beton oder (Beton-) Stahl relevant[53].

Um die Mehrkosten zu bestimmen, können die tatsächlichen Einkaufspreise direkt miteinander verglichen werden. Hierbei werden die Mehrkosten mit der Zulage beaufschlagt und direkt an den Auftraggeber weitergegeben.

Eine andere Möglichkeit ist es, die Mehrkostenberechnung auf Grundlage des Indexes der Erzeugerpreise gewerblicher Produkte vom Statistischen Bundesamt durchzuführen, da dies eine unabhängige Quelle ist. Die Berechnung ist hierbei für jede einzelne sich ändernde Position durchzuführen. Dabei sind neben Baustoffpreisen auch Diesel/Kraft- und Schmierstoffe zu beachten.

Abb. 3.13 zeigt zunächst den Index der Erzeugerpreise für Betonstahl, bevor in Abb. 3.14 ein exemplarisches Beispiel zur Berechnung der Mehrkosten anhand des Indexes für Betonstahl durchgeführt wird.

Bei der Betrachtung der Indices aus Abb. 3.13 zeigt sich beispielsweise eine Teuerung von 49,7 % (131,4/87,8 = 1,497), wenn der Einkauf für den Januar 2016 geplant war bzw. erfolgen sollte und es erst zwei Jahre später, im Januar 2018 frühestmöglich zum tatsächlichen Einkauf des Betonstahls kommen konnte.

Nachunternehmervergaben

Durch einen Stillstand der Baustelle kann es vorkommen, dass für Nachunternehmerleistungen höhere Preise anfielen, etwa wenn diese sich nicht mehr zu den ursprünglich vereinbarten Preisen binden lassen.

---

[53]Vgl. Vygen et al. (2002) S. 325, Rdn. 429.

Deutschland

Index der Erzeugerpreise gewerblicher Produkte (Inlandsabsatz)

2015 = 100

Lfd-Nr./ Berichts-jahr	Berichtsmonat												Jahresdurch-schnitt
	Jan	Feb	Mrz	Apr	Mai	Jun	Jul	Aug	Sep	Okt	Nov	Dez	
281	GP = 24 10 62 100					Betonstahl in Stäben, warmgewalzt							.
2005 ...	86,8	85,6	85,2	80,5	75,9	67,7	74,3	90,0	99,2	95,6	87,5	86,8	84,6
2006 ...	90,4	93,6	100,5	105,3	106,1	108,8	113,8	123,2	122,1	120,8	114,1	106,6	108,8
2007 ...	106,5	112,8	125,3	134,9	135,2	130,1	112,0	109,9	100,8	100,0	101,1	101,9	114,2
2008 ...	116,0	129,3	131,7	151,8	182,1	203,9	209,5	193,4	153,4	116,8	95,5	110,8	149,5
2009 ...	108,8	93,8	82,6	79,4	86,3	83,2	75,9	86,3	94,4	91,4	81,3	83,6	87,3
2010 ...	86,4	93,1	101,3	136,3	144,3	125,2	109,8	115,6	121,0	112,0	109,4	118,9	114,4
2011 ...	133,9	143,9	136,4	129,6	130,8	136,5	133,4	133,4	133,2	131,1	133,3	131,8	133,8
2012 ...	132,8	135,3	136,8	133,9	129,3	128,1	120,6	125,3	134,3	133,4	123,7	124,0	129,8
2013 ...	125,2	120,7	119,9	119,8	118,6	113,2	110,8	114,1	120,1	120,8	119,9	120,9	118,7
2014 ...	120,8	118,3	112,6	112,1	113,5	111,3	111,7	112,9	113,7	111,2	108,0	105,3	112,6
2015 ...	104,0	104,4	101,4	103,2	105,1	106,5	105,1	102,3	100,5	93,0	87,4	87,1	100,0
2016 ...	87,8	86,8	86,1	92,1	110,4	118,6	113,0	107,5	101,4	95,0	98,4	104,0	100,1
2017 ...	106,7	108,1	111,2	112,6	110,8	106,9	109,1	114,5	126,3	130,0	129,1	127,7	116,1
2018 ...	131,4	131,4	131,3	131,1	129,5	128,5	129,1	130,6	132,4	129,6	128,6	128,3	130,2
2019 ...	128,3	126,8	126,6	126,3	125,6	124,2	123,5	121,6	118,5	112,9	109,4	112,7	121,4
2020 ...	113,5	113,8											
2021 ...													
2022 ...													
2023 ...													

Abb. 3.13 Indexbetrachtung. (Statistisches Bundesamt 2020)

Baustoffpreiserhöhung - Index
Baustoff: Betonstahl

Position	Menge		Einheit	ursprünglicher Preis		Index			Neuer Preis		Differenz
	Alt	Neu		EP	GP	Alt	Neu	Steigerung	EP	GP	
1	250,00	250,00	t	550,00 €	137.500,00	87,8	131,4	150%	823,12 €	205.780,18 €	68.280,18 €
2	120,00	120,00	t	550,00 €	66.000,00	87,8	131,4	150%	823,12 €	98.774,49 €	32.774,49 €
3	43,00	43,00	t	550,00 €	23.650,00	87,8	131,4	150%	823,12 €	35.394,19 €	11.744,19 €
4	20,00	20,00	t	550,00 €	11.000,00	87,8	131,4	150%	823,12 €	16.462,41 €	5.462,41 €
5	120,00	120,00	t	550,00 €	66.000,00	87,8	131,4	150%	823,12 €	98.774,49 €	32.774,49 €
											151.035,76 €
Gesamt	553,00	553,00	t					U-Zulage:	33,96%		51.291,75 €
										Mehrkosten:	202.327,51 €

Abb. 3.14 Materialpreissteigerung am Beispiel Betonstahl

Da mit den Nachunternehmern neue Verträge abgeschlossen werden müssen, können sich auch hieraus höhere Kosten ergeben. Dabei können vorher gewährte Nachlässe entfallen, Stillliegezeiten für Geräte berechnet werden, andere Geräte als ursprünglich geplant verwendet werden oder bei Nachunternehmern ändern sich die Einheitspreise bedingt durch Lohnanpassungen.

Zudem können zum späteren Zeitpunkt neue Abrechnungsgrundlagen und -vorschriften gelten. Wie eine tabellarische Ausarbeitung hierzu aussehen könnte, zeigt das Beispiel in Abb. 3.15.

Nachunternehmer:	Beispiel-Bohr GmbH						
Gewerk:	Bohrpfähle (Tiefgründung)						
			Angebot NU (alt)		Angebot NU (neu)	
Position	Menge	Einheit	EP	GP	EP	GP
01.05.0008	1	Stk	14.000,00 €	14.000,00 €	16.000,00 €	16.000,00 €
01.05.0009	2	Stk	140,00 €	280,00 €	140,00 €	280,00 €
01.05.0010	966	m	165,00 €	159.390,00 €	202,00 €	195.132,00 €
01.05.0011	555	m	165,00 €	91.575,00 €	202,00 €	112.110,00 €
01.05.0012	305	to	900,00 €	274.500,00 €	900,00 €	274.500,00 €

	Summe:	539.745,00 €	598.022,00 €
	Differenz:	58.277,00 €	
	U-Zulage:	33,96%	
	Summe:	78.067,87 €	

Abb. 3.15   Mehrkosten aus Nachunternehmervergaben

Von Nachunternehmern durch den Stillstand bzw. die hieraus bedingte Bauzeitverschiebung eingereichte Nachträge sind nach einer Plausibilitätsprüfung und nach der Beaufschlagung mit der Zulage an den Auftraggeber weiterzureichen.

Weitere Kosten durch eine Ausführung der Arbeiten in einem späteren Zeitraum
Durch den Stillstand der Baustelle verschieben sich folglich auch alle nachfolgenden Einzelleistungen in einen späteren Zeitraum. Diese sind dem störungsbedingt modifizierten Ablaufplan Soll' zu entnehmen.

Zudem kommt es in den Wintermonaten, wie bereits im Abschn. 3.3 beschrieben, zu einem Absinken der Arbeitsproduktivität, die kausal auf Erschwernisse durch schlechte Witterung und Lichtverhältnisse, niedrige Lufttemperaturen, Wind und Niederschlag zurückzuführen sind.

Neben diesem Absinken der Leistungsfähigkeit der Arbeitskräfte kommt es im Winter ebenso zu einem zusätzlichen Aufwand für Maßnahmen die zur ursprünglich geplanten Ausführungszeit nicht nötig gewesen wären, beispielsweise Winterbau- und Arbeitsschutzmaßnahmen. Es handelt sich hierbei um Kosten, die zum Zeitpunkt der Angebotsabgabe nicht ersichtlich waren oder die sich erst kurzfristig zum Zeitpunkt der verspäteten Ausführung ergeben.

Zusammengefasst entstehen Mehrkosten demnach aus Minderleistungen durch Witterungseinflüsse oder durch sonstige Umstände resp. Zusatzleistungen, die zur Ausführung unter den neuen Bedingungen notwendig sind.

Die Mehrkosten aus Minderleistungen durch Produktivitätsverluste können baubetrieblich einerseits durch eine Zulage-Kalkulation bestimmt werden oder andererseits anhand von Kennzahlen der Literatur (z. B. Vygen et al.[54]).

---

[54]Vgl. Vygen et al. (2002), S. 349 ff., Rdn. 457 ff. bzw. Rdn. 462 f.

Es folgt eine Liste mit hindernden Umständen, die infolge einer Leistungsverschiebung auftreten können:[55]

- Geplante Zufahrtswege entfallen
- zusätzliche Transportkosten für außerplanmäßige Fahrten
- Arbeitstechniken wurden verboten (z. B. Rammen)
- Hindernisse entstehen
- Behelfsrampen sind mittlerweile weg
- es herrscht Arbeitsverbot zu bestimmten Uhrzeiten
- zusätzliche Schutzmaßnahmen müssen getroffen werden
- durch die neue Jahreszeit gibt es Wildschutzbedingungen (Vogelschutz etc.)
- zusätzliche Unterkünfte müssen gestellt werden (z. B. mehr Auslöse-Personal)
- erhöhte Transportkosten für Geräte (ursprünglich war Nachbarbaustelle geplant, jetzt
  weiterer Anfahrtsweg)
- Einbau von Warmbeton
- Mehrverbrauch bei Geräten (Kraft-/Schmierstoffe)
- Zugaben von Frostschutzmitteln
- Heizkosten in Unterkünften und Pausenräumen
- Stromkosten für Beleuchtung
- erhöhter Gas-/Stromverbrauch resp. Gas-/Stromkosten
- Witterungsschutzmaßnahmen (Regenzelte, zusätzliche Container)
- Schnee und Eis räumen
- zusätzliche Maßnahmen zur Wasserhaltung
- Lärmschutzmaßnahmen
- Einsatz von Bauheizungen/Wärmestrahlern
- neue Beton und Bindemittelzusätze
- erhöhte Fahrtkosten
- Rückbau gefrorener Schichten
- Schutz von Flächen mit Wärmedämmfolien
- verlängerte Vorhaltung von z. B. Traggerüsten durch den Baustopp
- zusätzliche Umbau- und Rüstzeiten von Schalungsmaterial
- Zusatzzeiten für eine Wiederaufnahme der Arbeiten nach der Unterbrechung
- Mieten für zusätzliche Lagerflächen etc.

3.4.3.3 Baustellengemeinkosten der ermittelten Dauer der Verlängerung

Neben den bereits angesprochenen erhöhten Baustellengemeinkosten für die Dauer des
Stillstands entstehen weitere Baustellengemeinkosten für die Zeit der Verlängerung.
Diese resultieren beispielsweise aus einer Verschiebung in den Winter hinein, der vorher

---

[55]Eigene Entwicklung ohne Anspruch auf Vollständigkeit, zudem ist die Liste ständig zu ergänzen.

	ursprünglich	verzögert		Verschiebung	
				Tage	Monate
Baubeginn	01.01.2019	01.01.2019	entspricht	0	0,0
Bauende	01.08.2020	01.11.2020		92	3,0
Bauzeit in Tagen	578	670			
Bauzeit in Monaten	19,0	22,0			
Verlängerung in Monaten	3,0			3,0	

BGK gemäß Urkalkulation: 969.255,40 € für   19,0 Monate
                          entspricht: 51.006,09 € pro   1 Monat
Verlängerung der Bauzeit   3,0 Monate
                          Mehrkosten: 154.275,95 €

Abb. 3.16 Hochrechnung der Baustellengemeinkosten (Eigene Darstellung nach Bötzkes 2010, S. 156 f. bzw. (2015), Folie 68 ff.)

nicht eingeplant war. Dadurch dauern die Arbeiten länger, wodurch zusätzliche Bauzeit benötigt wird. Es handelt sich hierbei um die Unterdeckung der Baustellengemeinkosten (BGK). Wenn sich die Bauzeit aus vom Auftraggeber verursachten Gründen verlängert, entsteht eine Unterdeckung der BGK, da diese Baustelle länger als ursprünglich geplant in Betrieb ist und so mehr Gemeinkosten verursacht.

Die Bauzeitverlängerung ist kausal auf die Unterbrechung zurückzuführen und gilt damit als Sekundärfolge, wodurch die gesamten Kosten zu 100 % angesetzt werden, da die BGK grundsätzlich vollständig zeitabhängig sind.

Hierfür muss die Urkalkulation für die geänderten Ausführungsbedingungen fortgeschrieben und dann gegen die Urkalkulation gerechnet werden. Die Mehrkosten ergeben sich dann aus der Differenz „Neu abzgl. Alt" zuzüglich der Zulage für die AGK-Umlage.

Neben den Ausführungen zu einem verlängerten Einsatz der Bau- und Projektleitung während der Stilliegezeit, gilt auch, dass das Personal während der Bauzeitverlängerung als Folge des Baustopps länger beschäftigt wird und Kosten verursacht. Diese können auf gleiche Weise wie in Abb. 3.9 (siehe Abschn. 3.4.3.1) berechnet werden, indem sich der zeitliche Ansatz der Einsatzdauer erhöht.

Eine weitere Möglichkeit der Berechnung der zusätzlichen Baustellengemeinkosten im Gesamten ist eine Hochrechnung der kalkulierten Werte (siehe Abb. 3.16). Ob diese Art der Berechnung im Einzelnen zulässig ist, ist bisher nicht höchstrichterlich entschieden worden. Das Landgericht Mainz hat den „Weg eines Dreisatzes" für nicht fachgerecht erklärt.[56] Dennoch sei diese Methode hier mit aufgeführt, da sie

---

[56]Vgl. Urteil 2 O 328/14 des LG Mainz vom 08.01.2016.

in der Praxis Anwendung findet[57] und aus unternehmerischer Erfahrung oft zu einer außergerichtlichen Einigung führen kann.

Bei dieser Herangehensweise ist zu beachten, dass zusätzlich erwirtschaftete Gemeinkosten z. B. durch technische Nachträge, zu berücksichtigen und ggf. gegenzurechnen sind, da der Unternehmer hierdurch mehr BGKs erwirtschaftet als einkalkuliert waren. Da in diesem Schritt lediglich eine Unterdeckung ausgeglichen werden soll, darf der Auftragnehmer keine Vorteile erwirtschaften. Eine Beispielberechnung nach Bötzkes würde folgendermaßen aussehen:[58]

1. Kalkuliert waren 52.200 € für 100 Arbeitstage, also 522 € pro Tag.
2. Bei einer Bauzeitverlängerung von 45 Tagen ergeben sich insgesamt 145 Arbeitstage.
3. Die Mehrkosten für 45 Tage betragen 23.490 €
   a) 45 AT $\times$ 522 €/AT $=$ 23.490 €
   b) Gesamtkosten: 145 AT $\times$ 522 €/AT $=$ 75.690 €
4. In der Schlussrechnung sind durch Mehrmengen oder aus technischen Nachträgen bereits 60.000 € enthalten.
5. Der Mehrkostenanspruch beläuft sich auf 15.690 € und berechnet sich wie folgt:
   a) 75.690 € − 60.000 € $=$ 15.690 €

3.4.3.4 Allgemeine Geschäftskosten

Bei den, im Sinne eines Nachtrags berechneten, Allgemeinen Geschäftskosten handelt es sich um eine Unterdeckung der AGK. Da die Allgemeinen Geschäftskosten in der Regel umsatzbezogen pro Jahr berechnet, aber dennoch größtenteils zeitabhängig (Mieten, Gehälter etc.) zu betrachten sind, kommt es, wenn sich die Bauzeit aus vom Auftraggeber verursachten Gründen verlängert oder verschiebt, zu einer Unterdeckung der AGK, da die Erlöse aus der Vertragsleistung konstant bleiben. Diese Erlöse werden nun aber über einen verlängerten Zeitraum erwirtschaftet. Dies zeigt Abb. 3.17.

Kommt es zu einem Stillstand auf der Baustelle, werden keine Erlöse erwirtschaftet, die monatlichen Allgemeinen Geschäftskosten fallen aber unvermindert an. Dies resultiert zum einen daraus, dass der Auftragnehmer seine Fixkosten der Geschäftsausstattung kurzfristig nicht wesentlich reduzieren kann und zum anderen daraus, dass er nicht in der Lage ist kurzfristig Ersatzaufträge anzunehmen.

Die Geltendmachung der unterdeckten AGK ist baubetrieblich der umstrittenste Punkt des Nachtragswesens der Bauablaufstörungen. Wie Heilfort herausstellt, ist es mittlerweile allgemein anerkannt, dass es einen Anspruch auf die Erstattung dieser Kosten gibt[59]. Wie dieser aussehen soll, ist allerdings strittig. Eine ausführliche Diskussion zum Thema der AGK bei gestörten Bauabläufen liefert Kornet[60].

---

[57]Vgl. Bötzkes (2010), S. 156 f. bzw. (2015), Folie 68 ff.
[58]Nach Bötzkes (2015), Folie 68 von 82.
[59]Heilfort (2010), S. 1679.
[60]Kornet (2016), S. 1386 ff.

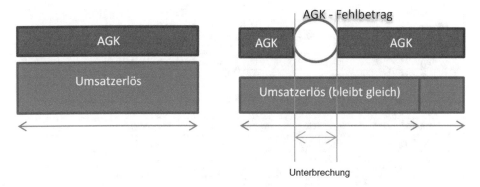

Abb. 3.17 Unterdeckung der Allgemeinen Geschäftskosten

Eine nach Meinung des Verfassers sinnvolle Methode zeigt das Beispiel in den Abb. 3.18, 3.19 und 3.20.

Hier wird der Ansatz verfolgt, dass nur im übertragenden Sinne die Allgemeinen Geschäftskosten der Zeit des Stillstands betrachtet werden, sondern diese vielmehr umsatzbezogen auf die Kapazitäten projiziert werden, die bedingt durch die Verschiebung in einem späteren Zeitraum blockiert werden. Allein durch die Verlängerung/ Verschiebung der Bauzeit werden Kapazitäten in der verschobenen Bauphase, also nach dem ursprünglich geplanten Bauende, blockiert, die an anderer Stelle keine AGK erwirtschaften können, wie sie es ohne Störung getan hätten.

	ursprünglich	inkl. Baustopp
Baubeginn	01.01.2019	01.01.2019
Bauende	01.03.2020	01.07.2020
Bauzeit in Tagen	425	547
Bauzeit in Monaten	14,0	18,0
Verlängerung in Monaten	4,0	

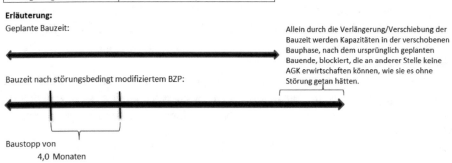

Abb. 3.18 Berechnung der Allgemeinen Geschäftskosten (Teil 1)

Monat	Umsatz gemäß ursprünglichem BZP	Umsatz gemäß modifiziertem BZP	Differenz	geblockte Kapazitäten
Jan 19	35.000,00 €	35.000,00 €	0,00 €	- €
Feb 19	185.000,00 €	185.000,00 €	0,00 €	- €
Mrz 19	185.000,00 €	185.000,00 €	0,00 €	- €
Apr 19	280.000,00 €	- €	-280.000,00 €	- €
Mai 19	550.000,00 €	- €	-550.000,00 €	- €
Jun 19	650.000,00 €	- €	-650.000,00 €	- €
Jul 19	650.000,00 €	- €	-650.000,00 €	- €
Aug 19	600.000,00 €	35.000,00 €	-565.000,00 €	- €
Sep 19	550.000,00 €	185.000,00 €	-365.000,00 €	- €
Okt 19	250.000,00 €	185.000,00 €	-65.000,00 €	- €
Nov 19	185.000,00 €	280.000,00 €	95.000,00 €	95.000,00 €
Dez 19	230.000,00 €	550.000,00 €	320.000,00 €	320.000,00 €
Jan 20	85.000,00 €	650.000,00 €	565.000,00 €	565.000,00 €
Feb 20	85.000,00 €	600.000,00 €	515.000,00 €	515.000,00 €
Mrz 20		650.000,00 €	650.000,00 €	650.000,00 €
Apr 20		550.000,00 €	550.000,00 €	550.000,00 €
Mai 20		260.000,00 €	260.000,00 €	260.000,00 €
Jun 20		85.000,00 €	85.000,00 €	85.000,00 €
Jul 20		85.000,00 €	85.000,00 €	85.000,00 €
Summe	4.520.000,00 €	4.520.000,00 €		3.125.000,00 €

Abb. 3.19 Berechnung der Allgemeinen Geschäftskosten (Teil 2)

Dass dies eine gute Vorgehensweise ist, bestätigen auch die Untersuchungsergebnisse von Dreier. Bei 85 von Dreier[61] analysierten Bauvorhaben, berücksichtigt wurden lediglich Störungseinflüsse die außerhalb des Verantwortungsbereiches des Auftragnehmers lagen, „fiel auf, dass sie von einer Massierung der Arbeiten in der letzten Phase der Ausführung begleitet waren."[62] Es wird also deutlich, dass in Phasen, in denen normalerweise ausschließlich kleinere Restarbeiten geplant waren, deutlich mehr Kapazitäten gebunden werden müssen, die an anderer Stelle für den Auftragnehmer keine AGKs und „WuG" erwirtschaften können.

Neben dieser Methodik ist beispielsweise eine Hochrechnung ähnlich der Beschreibung bei den BGK denkbar, bei welcher zunächst ein Tagessatz ermittelt und dieser dann hochgerechnet wird. Zu beachten ist hierbei die Ausgleichsrechnung aus Abschn. 3.4.3.3.

---

[61]Vgl. Dreier F. (2001), S. 39.
[62]Vgl. Dreier F. (2001), S. 39.

Geblockte Kapazitäten, die bei einem planmäßigen Ablauf auf weiteren Baustellen AGKs erwirtschaftet werden könnten und damit verbunden die ausfallenden allgemeinen Geschäftskosten:		
durch Störung geblockte Kapazitäten	Ansatz für allgemeine Geschäftskosten	entgangene AGK
3.125.000,00 €	11,50%	359.375,00 €

Übersicht über die Umsätze

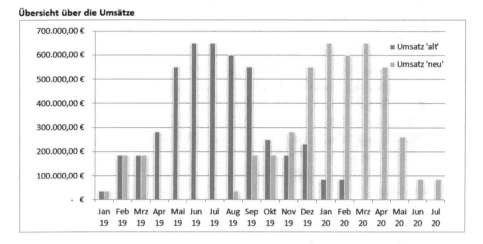

Abb. 3.20 Berechnung der Allgemeinen Geschäftskosten (Teil 3)

3.4.3.5 Zusatzleistungen bei Stilllegung und Wiederaufnahme der Arbeiten

Sobald es zu einer vorübergehenden Stilllegung der Baustelle kommt, werden verschiedene Zusatzleistungen erforderlich. Diese Leistungen dienen in erster Linie der Sicherung der Baustelle und der Bausubstanz, sowie der Beseitigung der Gefahren, die von der Baustelle ausgehen.

In dem Moment, in dem die Behinderung beseitigt und demnach die Unterbrechung der Arbeiten beendet wird, muss der Betrieb auf der Baustelle wiederaufgenommen werden.[63] Dies erfordert eine komplette Neuorganisation des Bauablaufes, inklusive möglicher Verluste bei der Disposition und Anlaufschwierigkeiten. Mögliche Zusatzleistungen können sein:[64]

1. **Stilllegung der Baustelle:**
   - Aufräumarbeiten, Beseitigung von Bauschutt
   - Schutzmaßnahmen gegen Witterungseinflüsse

---

[63]Vgl. VOB (2019), Teil B § 6 Abs. 3.
[64]Eigene Aufstellung ohne Anspruch auf Vollständigkeit, zudem ist die Liste ständig zu ergänzen.

- Schutzmaßnahmen gegen Diebstahl und Zerstörung
- Absicherung gegen Unfallgefahren gegenüber unbeteiligter Dritter
- zusätzliche Lade- und Transportarbeiten für Geräte, Maschinen, Schalungen, etc.
- zusätzliche Lade- und Transportarbeiten für Container und sanitäre Einrichtungen etc.
- Maßnahmen zur Aufrechterhaltung der Baustelle:
  Grundwasserabsenkung
  Heizung, Lüftung
  Abdeckung von Betonflächen/Material o. ä.
  Lagerung von empfindlichen Baustoffen
- Wartung und Pflege von Geräten und sonstigen Baustelleneinrichtungen
- Kontrollen der Sicherheitsvorkehrungen

2. **Neustart der Baustelle:**
   - zusätzlicher Aufwand für die Neuorganisation (Arbeitsvorbereitung usw.)
   - Neueinweisung der Arbeitskräfte
   - Lade- und Transportarbeiten für alle zwischenzeitlich abgezogenen Geräte, Container, etc.
   - zusätzliche Wegestunden für Anfahrten und Besorgungen aller Art
   - Warte- und Leerlaufzeiten durch:
     notwendige Vorlaufzeiten
     fehlende Arbeitsvoraussetzungen
     Nachträgliche Schachtungen durch zwischenzeitlich zerstörte Böschungen, Gräben, etc.
   - sonstige Anlaufschwierigkeiten.

3.4.3.6 Kosten für die Nachtragserstellung

Neben den einzelnen genannten Kostenpunkten können Kosten für die Nachtrags-erstellung aufkommen. Diese können sowohl intern bei der Aufstellung des Nachtrages durch eigene Mitarbeiter oder extern, beispielsweise durch Gutachter entstehen.

Gemäß der vorherrschenden Meinung der Fachliteratur[65] sind die hier entstehenden Kosten den direkten Kosten zuzuordnen, die nicht angefallen wären, wenn es nicht zu einer Unterbrechung der Baumaßnahme gekommen wäre, und damit voll anzusetzen.

Bei der Erstellung des Nachtragsangebotes durch eine externe Kraft können die Mehrkosten gemäß der Rechnung zuzüglich des Zuschlages für Fremdleistungen an den Auftraggeber durchgereicht werden.[66] So schreiben bspw. Kapellmann und Schiffers

---

[65]Vgl. u. a.: Kapellmann und Schiffers (2006), S. 489, Rdn. 1109 und Vygen et al. (2002) S. 479, Rdn. 648).
[66]Vgl. BGH-Urteil VII ZR 338/01 vom 27.02.2003.

Anzahl d. Mitarbeiter	Leistung	Stunden [h]	Stundensatz	Kosten	Zuschlag (gemäß Urkalk)	Gesamtkosten
1	Aufgabenstellung sichten	2	75	150,00 €	33,96%	200,94 €
1	Abstimmung mit diversen Gewerken	34	75	2.550,00 €	33,96%	3.415,98 €
1	Zusätzlicher Kontrollaufwand	2	75	150,00 €	33,96%	200,94 €
1	Zusätzlicher Koordinierungsaufwand	80	75	6.000,00 €	33,96%	8.037,60 €
1	Sichten der Ausschreibungsplanung	8	75	600,00 €	33,96%	803,76 €
1	Sichten der Ausführungsplanung	8	75	600,00 €	33,96%	803,76 €
1	Erstellen des neuen modifizierten Bauablaufplanes Soll'	12	75	900,00 €	33,96%	1.205,64 €
1	Erstellen des Soll-/Ist-Vergleiches	16	75	1.200,00 €	33,96%	1.607,52 €
1	Erstellen der Ablaufchronologie	8	75	600,00 €	33,96%	803,76 €
1	Massenermittlung der Leistungen	40	75	3.000,00 €	33,96%	4.018,80 €
1	Aufstellen des Mengengerüsts	40	75	3.000,00 €	33,96%	4.018,80 €
1	Preisanfragen	10	75	750,00 €	33,96%	1.004,70 €
1	Preisermittlung für Einzelpositionen	48	75	3.600,00 €	33,96%	4.822,56 €
1	Zusammenstellen der Unterlagen	4	75	300,00 €	33,96%	401,88 €
gesamt:		312				31.346,64 €

Abb. 3.21   Interne Kosten der Nachtragserstellung

ausdrücklich, dass „wenn der Auftragnehmer […] externe Kosten aufwendet, […] diese als Teil der Nachtragsvergütung vom Auftraggeber zu bezahlen"[67] sind.

Schwieriger wird es bei der Berechnung der Kosten für die interne Nachtragsbearbeitung. Strittig ist hier die Frage, ob die internen Kosten zu den allgemeinen Verwaltungskosten gehören und damit durch die Allgemeinen Geschäftskosten abgedeckt seien. Wenn dies so wäre, hieße das in letzter Konsequenz, „dass diejenigen Auftragnehmer, die sich eines externen Sachverstandes bedienen, besser dastehen, als diejenigen Unternehmer, die diesen Aufwand intern betreiben."[68] Da dies aus betrieblicher Sicht inakzeptabel ist, sind auch die internen Kosten geltend zu machen. Auch eine strikte Auslegung der VOB rechtfertigt die Geltendmachung von Kostenansprüchen aus der internen Nachtragserstellung, wonach das Aufstellen des Leistungsverzeichnisses, auch für Nachträge, in den Verantwortungsbereich des Auftraggebers fällt. Der Auftragnehmer hätte dieses Leistungsverzeichnis dann nur noch zu bepreisen und somit einen sehr viel geringeren Aufwand. Eine tiefer gehende Diskussion zu diesem Thema findet sich bei Gonschorek[69].

Bei der Aufstellung der entstandenen Kosten reicht eine einfache Multiplikation einer Stundenanzahl mit dem Stundenansatz eines Bau- oder Projektleiters nicht aus. Die Aufstellung muss vielmehr detailliert beschrieben, prüfbar aufgegliedert, nachvollziehbar hergeleitet sein[70]. Wie dies aussehen könnte, ist im Beispiel der Abb. 3.21 dargestellt.

---

[67]Kapellmann und Schiffers (2006), S. 489, Rdn.1109.

[68]Knipp (2009), S. 27.

[69]Vgl. Gonschorek (2012), S. 213 ff.

[70]Vgl. Gonschorek (2012), S. 226.

3.4.4   Die Bindefristverlängerung als Sonderfall

Einen Sonderfall im Sinne der Bauablaufstörung bietet die Bindefristverlängerung. Bevor mit der Mehrkostenberechnung fortgefahren wird, erfolgt zunächst eine kurze Erklärung des Sachverhaltes.

3.4.4.1 Erläuterung der Anspruchsgrundlage

Nach § 10 VOB/A liegt es im Aufgabenbereich des Auftraggebers „eine angemessene Frist, innerhalb der die Bieter an ihre Angebote gebunden sind (Bindefrist) [festzulegen]. Eine längere Bindefrist als 30 Kalendertage soll nur in begründeten Fällen festgelegt werden."[71]

Sieht sich der Auftraggeber außer Stande, den Zuschlag innerhalb der Frist zu erteilen, kann er um eine Verlängerung der Bindefrist bitten. Kommt es etwa durch einen unterlegenen Bieter nach einer Vorankündigung[72] zu einer Rüge, welcher vonseiten der Vergabestelle nicht innerhalb von 15 Kalendertagen nach Eingang abgeholfen werden, kann dieser in einem nächsten Schritt ein sogenanntes Vergabenachprüfungsverfahren einleiten. Dies ist möglich, wenn ein unterlegener Bieter der Meinung ist, dass seine Bieterrechte verletzt wurden. Die Zuschlagserteilung wird im Zeitraum des Verfahrens ausgesetzt und die Unternehmen um eine Bindefristverlängerung gebeten.

Aus einer Untersuchung des Instituts für Bauwirtschaft und Baubetrieb der Technischen Universität Braunschweig im Auftrag des Bundesministeriums für Verkehr, Bau und Stadtentwicklung geht hervor, dass „etwa jedes zehnte Vergabeverfahren für öffentliche Bauaufträge [...] einem Vergabeverfahren unterzogen"[73] wird. Dies führt häufig zu Mehrkostenansprüchen des Bieters, der nach Beendigung des Nachprüfungsverfahrens den Zuschlag bekommt, da sich, in Abhängigkeit der Dauer der Prüfung, in den meisten Fällen der geplante Baubeginn verschiebt und sich damit die beauftragten Leistungen in spätere Abrechnungszeiträume verschieben.

Hierdurch ergeben sich häufig Mehrkosten, z. B. aus zusätzlicher und/oder verlängerter Vorhaltung der Baustelleneinrichtung, Geräten und Schalung, verlängertem Personaleinsatz, Produktivitätsminderungen infolge einer Verschiebung in ungünstigere Witterung und Beschleunigungsmaßnahmen, die als Gegenmaßnahme getroffen werden[74], welche dem Auftraggeber in Form eines Nachtrages in Rechnung gestellt werden.

---

[71]Vgl. VOB (2019), Teil A § 10.

[72]Bevor einem Bieter ein Auftrag in einem öffentlichen Vergabeverfahren erteilt wird, wird die beabsichtigte Vergabe allen Bietern in einem Schreiben gemäß § 134 GWB vorangekündigt. Diese haben dann Zeit, das Ergebnis zu rügen.

[73]Wanninger et al. (2006), S. 481.

[74]Vgl. Kumlehn (2003), S. 11.

Tab. 3.5 Mehrkosten aus einer Bindefristverlängerung

Zeitabhängige Kosten	Kosten aus Leistungsverschiebungen	Sonstige Kosten
Anpassung der BGK	Lohnanpassungen	Kosten für die interne Nachtragsbearbeitung
Vorhaltekosten der BE	Kosten für Baustoffpreiserhöhungen	
Unterdeckung der AGKs		
Ausfallzeiten von Personal	(Vergabe-) Verluste bei Nachunternehmern	Gutachter- und Sachverständigenkosten
Kosten aus Kurzarbeit		
	Zusätzliche Leistungen	

Auftraggeberseitig wird ein solcher Nachtrag oftmals abgelehnt, da die Auffassung vertreten wird, dass der Auftragnehmer durch eine Zustimmung zur Verlängerung der Bindefrist an den Vertrag ein Anspruch verwirkt sei[75]. Diese Ansicht ist allerdings nicht mit der aktuellen Rechtsprechung vereinbar. Das OLG Jena hat mit seinem Urteil 8 U 318/04 vom 22.03.2005 entschieden, dass der Auftraggeber das Risiko des Vergabeverfahrens allein trägt, und dass, da die Leistungszeit in einem solchen Fall nicht der ursprünglich vereinbarten Leistungszeit entspricht, die Vergütung gemäß § 2 Abs. 5 VOB/B anzupassen sei.

Ein Nachtrag zur Bindefristverlängerung legt die Kosten dar, die im Zusammenhang mit der Bindefristverlängerung und der daraus resultierenden Verschiebung des Baubeginns entstanden sind (siehe Tab. 3.5).

Die Kosten resultieren sowohl aus der Wartezeit bis zum störungsbedingten modifizierten Baubeginn an sich (zeitabhängige Kosten)[76], als auch aus der Leistungsverschiebung (leistungsabhängige Kosten). Hinzu kommen Kosten, die aufgrund der Bauzeitverlängerung entstehen, welche sich als Sekundärfolge der Verschiebung des Baubeginns ergibt.

Weiterhin entstehen Kosten für die Nachtragserstellung/-bearbeitung sowie gegebenenfalls Gutachterkosten.

Die Preisanpassung erfolgt im Folgenden gemäß BGH-Urteil VII ZR 11/08 vom 11.05.2009 in Anlehnung an § 2 Abs. 5 VOB/B.

3.4.4.2 Kosten der Dauer der Verzögerung/Wartezeit

Da der Bereich der Stilliegekosten zwar in der vorvertraglichen Zeit liegt, aber dennoch wie eine Unterbrechung der Arbeiten zu sehen ist, sind diese Fälle gut vergleichbar.

---

[75]Vgl. Wanninger et al. (2006), S. 485.

[76]An dieser Stelle sei erneut der Hinweis gegeben, dass die Anspruchsgrundlage für diese Kosten hoch umstritten und bis zum derzeitigen Stand nicht höchstrichterlich geklärt ist. Aus baubetrieblicher Sicht werden sie hier dennoch mit aufgeführt.

Grundsätzlich werden die Kosten, die während der Wartezeit während des Vergabe-nachprüfungsverfahrens entstehen, entsprechend denen aus der Stillliegezeit bei einer Bauunterbrechung berechnet. Die Vorgehensweise ist analog der Vorgehensweise aus Abschn. 3.4.3.1, d. h. es können

- Vorhaltekosten für Geräte und Schalungen
- Ausfallzeiten des Personals und Kurzarbeitergeld
- Baustellengemeinkosten der Dauer der Verzögerung bis zum verspäteten Baubeginn
- Bereitstellungskosten für das gewerbliche Personal und für das technische Büro

geltend gemacht werden. Die Schritte können wie zuvor beschrieben abgearbeitet werden. Dabei sind nur die Begriffe „Baustopp" bzw. „Unterbrechung" mit „Wartezeit bis zum verzögerten Baubeginn" zu ersetzen. Es folgt eine Ergänzung im Bereich der Schalungs- und Gerätevorhaltung.

Vorhaltung der Schalung und Geräte
Bedingt durch die Verschiebung der Bauzeit in einen späteren Zeitraum müssen eigene Schalung und Geräte länger vorgehalten werden, da diese nicht wie planmäßig ver-wendet werden können. Hierdurch entstehen einerseits einfache Kosten für die normale verlängerte Vorhaltezeit (siehe Abb. 3.2[77], Abschn. 3.4.3.1), andererseits können aber auch Mehrkosten z. B. durch Zwischenlagerungen entstehen.

Zu diesen Zwischenlagern kommt es, wenn Geräte, Schalungen und Material nicht wie geplant von einer Baustelle zu einem neuen Bauvorhaben als Anschlussbaustelle transportiert werden und damit nicht unterbrechungsfrei eingesetzt werden können. Hier entstehen Kosten für die zusätzlichen Vorgänge des Auf- und Abladens und des Trans-portes, der angefallenen Arbeitszeit für die Herstellung der Lagerflächen, der Auf- und Abladevorgänge und der Räumung dieser Flächen, sowie durch Mieten oder Pachten der Lagerflächen.

3.4.4.3 Kosten durch die Ausführungen der Arbeiten in einem späteren Zeitraum

Ebenso wie bei der Berechnung der Mehrkosten aus einer Unterbrechung bzw. der Ver-zögerung des Baubeginns, gibt es Parallelen in der Berechnung der Kosten die bei einer Ausführung zu einem späteren Zeitpunkt, durch Leistungsverschiebungen, entstehen. Der Kapazitätenverlauf ist in Abb. 3.22 exemplarisch dargestellt. Diese Berechnung erfolgt analog zu den Ausführungen in Abschn. 3.4.3.2 und können Schritt für Schritt abgearbeitet bzw. übertragen werden. Dies sind im Einzelnen:

---

[77]In der Abbildung müsste es „Dauer der Baubeginnverschiebung" an Stelle von „Baustopp" heißen.

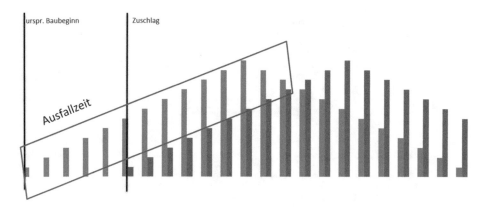

Abb. 3.22   exemplarischer Kapazitätenverlauf bei einer Bindefristverlängerung

- die Mittellohnanpassung
- die Gehaltssteigerung beim Personal/Gehaltskostenanpassungen
- eventuelle Baustoffpreiserhöhungen
- Neuvergaben bei Nachunternehmern
- Weitere Kosten durch die Ausführung in einem späteren Zeitraum (u. a. Unproduktivitäten/Produktivitätsverluste bei Ausführungen zur Winterzeit, etc.)

3.4.4.4 Baustellengemeinkosten der ermittelten Dauer der Verlängerung, Allgemeine Geschäftskosten und Kosten der Nachtragserstellung

Wie bei der Anpassung der direkten Kosten aus den vorherigen beiden Kapiteln verhält es sich auch bei den Gemeinkosten der Baustelle, den Allgemeinen Geschäftskosten und den Kosten für die Nachtragserstellung wie bei der Berechnung einer Unterbrechung der Baustelle.

Baustellengemeinkosten

Bei den Baustellengemeinkosten muss differenziert werden, ob es sich um BGKs der Dauer der Wartezeit bis zum verzögerten Baubeginn oder um BGKs der Bauzeitverlängerung als Sekundärfolge der Bindefristverlängerung handelt.

Da der erste Zeitraum in der Praxis höchst umstritten ist, sollte hier eine strikte Trennung vorgenommen werden, damit aus unternehmerischer Sicht zumindest die Ansprüche auf eine Kostenerstattung der Mehrkosten aus den Sekundärfolgen, also die der Bauzeitverlängerung, durchgesetzt werden können. Dies ist in Abb. 3.23 dargestellt. Umstritten ist dabei der Zeitraum „1", welcher zwischen dem ursprünglichen Bindefristtermin und dem neuen Termin des Ablaufes der Bindefrist liegt. Die Forderung nach einem Ausgleich der BGK-Unterdeckung gilt für den Zeitraum „2.", der zusätzlich zur alten Bauzeit für die Bauwerkserstellung benötigt wird.

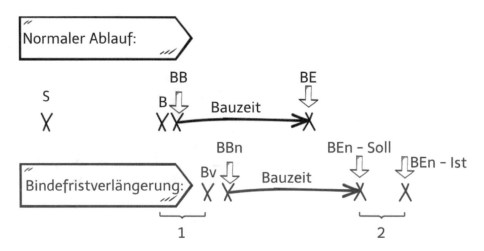

Abb. 3.23 Störungsbedingt modifizierter Bauzeitenplan „Bindefristverlängerung"

In Abb. 3.23 beschreibt „S" die Submission, „B" den Ablauf der Bindefrist, „BB" den Baubeginn und „BE" das Bauende. Indiziert bedeutet „v" verschoben und „n" neu.

Unter Beachtung dieses Sachverhalts kann wie in Abschn. 3.4.3.3 beschrieben, vorgegangen werden.

Allgemeine Geschäftskosten

Der Ausgleich der Unterdeckung der AGK im Falle einer Bindefristverlängerung läuft nach den Methoden in Abschn. 3.4.3.4 ab. In diesem Fall ist der Unterbrechungszeitraum direkt an den Anfang der Baumaßnahme zu setzen.

Eine weitere Möglichkeit ist ein Vergleich zwischen den monatlichen Umsätzen der ursprünglichen Planung mit den Umsätzen der tatsächlichen Planung – tabellarisch in Abb. 3.24 dargestellt. Werden diese verglichen und berechnet, ergibt sich hieraus ein langfristiger AGK-Fehlbetrag. Diese Unterdeckung ist vor allem in Grafiken (Beispiel in Abb. 3.25) gut zu erkennen.

In Abb. 3.26 wird nochmals deutlich, dass bei einer Verschiebung des Baubeginns zum Ende des Bauvorhabens mehr Umsatz gemacht wird, als eigentlich zu dieser Zeit geplant war. Die Abbildung zeigt zudem, dass in diesem Beispiel eigentlich keine Arbeiten mehr ab Mai geplant waren. Dieser Umsatz sollte ursprünglich bereits in den Monaten Juni – November erwirtschaftet werden. In diesem Zeitraum wurde allerdings nicht gebaut, wodurch der Umsatz und damit auch der prozentuale AGK-Zuschlag gleich null waren, da diese auf den Umsatz aufgeschlagen werden. Durch die Verschiebung werden daher Kapazitäten zu einem späteren Zeitpunkt in Anspruch genommen, wodurch diese keinen Umsatz auf anderen Baustellen erwirtschaften können. Im Endeffekt fehlt dieser Umsatz in der Gesamtbilanz, da er auch nicht in den Ausfallmonaten vor dem Baubeginn erwirtschaftet werden konnte, da die Kapazitäten zu diesem Zeitpunkt bereitgehalten werden mussten.

Monat	Summe Umsatz BZP alt	monatl. Zuwachs	enth. AGK/WuG 12,00%	enth. AGK/WuG gesamt	Summe Umsatz BZP neu	monatl. Zuwachs	enth. AGK/WuG 12,00%	Differenz AGK/WuG	Diff. AGK/WuG in Summe
Jan 19	35.000,00 €	0,00 €	4.200,00 €	4.200,00 €	35.000,00 €	0,00 €	4.200,00 €	0,00 €	0,00 €
Feb 19	220.000,00 €	185.000,00 €	22.200,00 €	26.400,00 €	220.000,00 €	185.000,00 €	22.200,00 €	0,00 €	0,00 €
Mrz 19	400.000,00 €	180.000,00 €	21.600,00 €	48.000,00 €	400.000,00 €	180.000,00 €	21.600,00 €	0,00 €	0,00 €
Apr 19	685.000,00 €	285.000,00 €	34.200,00 €	82.200,00 €	685.000,00 €	285.000,00 €	34.200,00 €	0,00 €	0,00 €
Mai 19	1.245.000,00 €	560.000,00 €	67.200,00 €	149.400,00 €	1.245.000,00 €	560.000,00 €	67.200,00 €	0,00 €	0,00 €
Jun 19	1.950.000,00 €	705.000,00 €	84.600,00 €	234.000,00 €	1.245.000,00 €	0,00 €	0,00 €	-84.600,00 €	-84.600,00 €
Jul 19	2.500.000,00 €	550.000,00 €	66.000,00 €	300.000,00 €	1.245.000,00 €	0,00 €	0,00 €	-66.000,00 €	-150.600,00 €
Aug 19	3.200.000,00 €	700.000,00 €	84.000,00 €	384.000,00 €	1.245.000,00 €	0,00 €	0,00 €	-84.000,00 €	-234.600,00 €
Sep 19	3.850.000,00 €	650.000,00 €	78.000,00 €	462.000,00 €	2.500.000,00 €	1.255.000,00 €	150.600,00 €	72.600,00 €	-162.000,00 €
Okt 19	4.350.000,00 €	500.000,00 €	60.000,00 €	522.000,00 €	3.200.000,00 €	700.000,00 €	84.000,00 €	24.000,00 €	-138.000,00 €
Nov 19	5.000.000,00 €	650.000,00 €	78.000,00 €	600.000,00 €	3.850.000,00 €	650.000,00 €	78.000,00 €	0,00 €	-138.000,00 €
Dez 19	5.550.000,00 €	550.000,00 €	66.000,00 €	666.000,00 €	4.350.000,00 €	500.000,00 €	60.000,00 €	-6.000,00 €	-144.000,00 €
Jan 20	6.200.000,00 €	650.000,00 €	78.000,00 €	744.000,00 €	5.000.000,00 €	650.000,00 €	78.000,00 €	0,00 €	-144.000,00 €
Feb 20	6.900.000,00 €	700.000,00 €	84.000,00 €	828.000,00 €	5.550.000,00 €	550.000,00 €	66.000,00 €	-18.000,00 €	-162.000,00 €
Mrz 20	7.350.000,00 €	450.000,00 €	54.000,00 €	882.000,00 €	6.200.000,00 €	650.000,00 €	78.000,00 €	24.000,00 €	-138.000,00 €
Apr 20	7.900.000,00 €	550.000,00 €	66.000,00 €	948.000,00 €	6.900.000,00 €	700.000,00 €	84.000,00 €	18.000,00 €	-120.000,00 €
Mai 20	8.250.000,00 €	350.000,00 €	42.000,00 €	990.000,00 €	7.350.000,00 €	450.000,00 €	54.000,00 €	12.000,00 €	-108.000,00 €
Jun 20	8.500.000,00 €	250.000,00 €	30.000,00 €	1.020.000,00 €	7.900.000,00 €	550.000,00 €	66.000,00 €	36.000,00 €	-72.000,00 €
Jul 20	8.750.000,00 €	250.000,00 €	30.000,00 €	1.050.000,00 €	8.250.000,00 €	350.000,00 €	42.000,00 €	12.000,00 €	-60.000,00 €
Aug 20	9.150.000,00 €	400.000,00 €	48.000,00 €	1.098.000,00 €	8.500.000,00 €	250.000,00 €	30.000,00 €	-18.000,00 €	-78.000,00 €
Sep 20	9.450.000,00 €	300.000,00 €	36.000,00 €	1.134.000,00 €	8.750.000,00 €	250.000,00 €	30.000,00 €	-6.000,00 €	-84.000,00 €
Okt 20	9.650.000,00 €	200.000,00 €	24.000,00 €	1.158.000,00 €	9.150.000,00 €	400.000,00 €	48.000,00 €	24.000,00 €	-60.000,00 €
Nov 20	9.800.000,00 €	150.000,00 €	18.000,00 €	1.176.000,00 €	9.450.000,00 €	300.000,00 €	36.000,00 €	18.000,00 €	-42.000,00 €
Dez 20	9.950.000,00 €	150.000,00 €	18.000,00 €	1.194.000,00 €	9.650.000,00 €	200.000,00 €	24.000,00 €	6.000,00 €	-36.000,00 €

Kosten aus dauerhafter, langfristiger
AGK-Unterdeckung: Langfristiger AGK Fehlbetrag (Umsatzvergleich)   140.000,00 €

Abb. 3.24 Langfristiger AGK Fehlbetrag (Umsatzvergleich) – tabellarisch. (Eigene Darstellung/Entwicklung in Anlehnung an Schofer 2014)

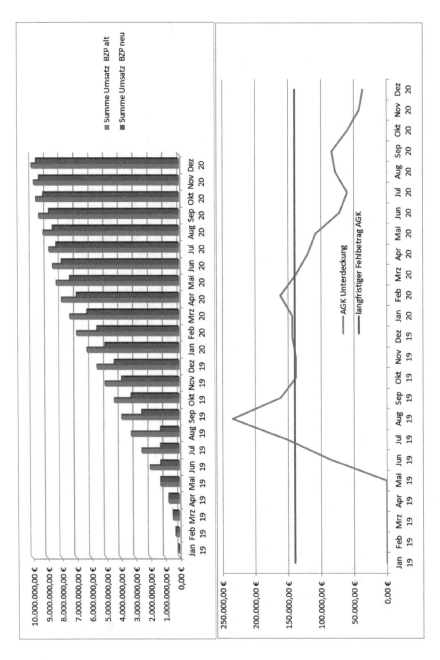

Abb. 3.25 Langfristiger AGK Fehlbetrag (Umsatzvergleich) – grafisch. (Eigene Darstellung in Anlehnung an Schofer 2014)

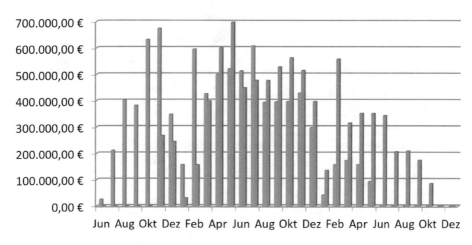

Abb. 3.26 Umsatzkurven bei verschobenem Baubeginn

Kosten der Nachtragserstellung

Bei den Kosten der Nachtragserstellung im Falle einer Bindefristverlängerung wird genau nach Abschn. 3.4.3.6 vorgegangen.

3.4.5 Beschleunigung als Gegenmaßnahme

Der folgende Berechnungsweg zeigt die Kosten auf, die im Zusammenhang mit einer möglichen Beschleunigung der Baumaßnahme entstehen. Dies kann immer dann der Fall sein, wenn ein Auftraggeber einen Fertigstellungstermin wünscht, der vor dem vertraglich vereinbarten liegt. Die Beschleunigung unterliegt nicht der Anordnungsbefugnis des Auftraggebers, sondern stellt vielmehr eine frei verhandelbare Mehrleistung zwischen den Parteien dar.

Die Mehrkosten resultieren hauptsächlich aus einer forcierten Bearbeitung der Maßnahme während der komprimierten Bauphase und einer Optimierung der Arbeitsabläufe auf der Baustelle. Für die Durchführung der Arbeiten in einem kürzeren Zeitraum gibt es drei Möglichkeiten:

1. die Erhöhung der Anzahl der Beschäftigten,
2. das tägliche Ableisten von Überstunden und/oder
3. die Wochenendarbeit.

Aus allen drei Varianten resultieren Mehrkosten im Lohnbereich. Zudem müssen auch mehr Schalungsmaterial und Geräte vorgehalten werden, um das gleichzeitige Arbeiten an mehreren Bauteilen zu ermöglichen. Weitere Kostenpunkte zeigt Tab. 3.6.

Tab. 3.6 Mehrkosten aus einem beschleunigten Bauablauf

Zusätzliche Lohn- und Bereitstellungskosten	Anpassung der Zuschläge	Sonstige Kosten
Geänderte Kolonnenzusammensetzungen	Für Nachunternehmer	Kosten für die interne Nachtragsbearbeitung
Zusätzliche Lohnstunden	Für die AGK	
Unproduktivitäten		
Zusätzliche Schalungs- und Gerätekosten	Für Wagnis und Gewinn	Gutachter- und Sachverständigenkosten
Forcierte Bearbeitung der Maßnahme		

Zudem entstehen auch in diesem Fall Kosten für die Nachtragserstellung/-bearbeitung sowie gegebenenfalls Gutachterkosten.

Die Beschleunigung erfolgt auf Wunsch des Auftraggebers und wird im Folgenden im Sinne des § 2 Abs. 5 VOB/B berechnet.

3.4.5.1 Unproduktivitäten aus beschleunigtem Bauablauf

Durch die Durchführung der Baumaßnahme unter beschleunigten Bedingungen wird eine Veränderung des ursprünglichen Plans notwendig, wodurch die gewählte Kolonnenbesetzung nicht mehr optimal auf den Bauablauf abgestimmt ist. Unter normalen Umständen wird die optimale Baustellenbesetzung ausgewählt. Wird der Bauablauf dann nachträglich beschleunigt, werden zusätzliche Arbeitskräfte auf der Baustelle eingesetzt. Dies hat unter anderem zur Folge, dass die ablaufbedingten Wartezeiten sich erhöhen, sich die Arbeitskräfte gegenseitig behindern, wenn sie an derselben Stelle arbeiten, einige Arbeitskräfte unter- oder überfordert sind und/oder es zu einer schlechteren Zusammenarbeit kommt, wenn ein eingespieltes Team auseinandergerissen oder unzweckmäßig erweitert wird.[78]

Nach Lang treten Produktivitätsverluste allein durch eine Erhöhung der Kolonnenstärke, begründet durch die gegenseitige Behinderung, auf. Hierbei ordnet einem Leistungsfaktor die Kolonnenstärke zu. Bei einer Verdopplung der Kolonnenstärke kann die gegenseitige Behinderung dazu führen, dass je nach Tätigkeit nur noch drei Viertel bis zur Hälfte der Leistung erbracht werden kann.

Abb. 3.27 zeigt eine Möglichkeit auf, die Minderleistung aus einer nicht optimalen Kolonnenbesetzung kostenmäßig zu fassen. Die Methode richtet sich nach Vygen et al. und ermittelt die Minderleistung in Form von Stunden „M". Die weiteren Parameter lauten wie folgt: „t_n" beschreibt den Stundenaufwand mit nicht optimaler Kolonnen-

---

[78]Vgl. Vygen et al. (2002), S. 368, Rdn. 490.

$$M = \sum t_n * (1 - e_n)$$

Bauteil	Kolonnenanzahl IST	Kolonnenanzahl SOLL	X = Kol.IST / Kol.SOLL	t_n	$e_n = 1,5-0,5X$	M in [h]
Fundament	6	4	1,50000	400,00	0,7500	100,00
Widerlager	7	5	1,40000	700,00	0,8000	140,00
Flügel	7	5	1,40000	450,00	0,8000	90,00
Pfeiler	7	5	1,40000	600,00	0,8000	120,00
Überbau	9	7	1,28571	1200,00	0,8571	171,43
Kappen	7	4	1,75000	700,00	0,6250	262,50
					Summe:	883,93

Mittellohn: 46,90 € /h

Mehrkosten =   46,90 € /h für Mehrstunden   883,93 h =   41.456,25 €
U-Zulage: 33,96%   14.078,54 €
55.534,79 €

Abb. 3.27 Minderleistung wegen nicht optimaler Kolonnenbesetzung. (Entwicklung nach Vygen et al. 2002, S. 368 ff., Rdn. 493)

besetzung, „e_n" die Gesamtleistung mit nicht optimalen Kolonnenstärken und „x" den Quotienten aus Kolonnenanzahl-Ist und der Kolonnenanzahl-Soll.

Hinzu kommen zusätzliche Lohnstunden aus einer gesteigerten Unproduktivität aufgrund der erhöhten Anzahl gleichzeitig Beschäftigter (Abb. 3.28).

Tätigkeit/Gewerk	Std. lt. Urkalkulation	Ausführungsdauer in Wochen		Unproduktivität aus Personalmehreinsatz	
		ursprünglich	beschleunigt	Prozent	Stunden
Baustelleneinrichtung	250	3	2	10,00%	25
Erdarbeiten	250	8	6	10,00%	25
Fundamente	1000	10	8	10,00%	100
Widerlager	1500	12	10	10,00%	150
Pfeiler	700	8	7	10,00%	70
Traggerüst	80	11	9	10,00%	8
Überbau	2500	10	8	10,00%	250
Restarbeiten	150	2	1	10,00%	15
					643,00

Mehrstunden: 643,00 h
Mittellohn: 46,9 €/h
30.156,70 €
U-Zulage: 33,96%
40.397,92 €

Abb. 3.28 Lohnstunden aufgrund der erhöhten Anzahl gleichzeitig Beschäftigter. (Eigene Entwicklung nach Vygen et al. 2002, S. 368 ff., Rdn. 493 ff.)

Zur Erläuterung der Prozentsätze:

- Baustelleneinrichtung:

Soll-Dauer ursprünglich: 3 Wochen
Ausführungsdauer beschleunigt: 2 Wochen

Unter der Annahme, dass der Vorgang kontinuierlich abläuft, ergibt sich eine Leistungsverdichtung von $3/2 = 1{,}5$. Dies entspricht einer Zunahme von $+50\%$, die allein durch eine erhöhte Kolonnenbesetzung erreicht wird.

Daraus folgt:

1. $1{,}5 - 0{,}5 * 1{,}50 = 0{,}75$; sprich ein Produktivitätsverlust von 25 %
2. $1{,}25 - 0{,}25 * 1{,}50 = 0{,}875$; sprich ein Produktivitätsverlust von 12,5 %

Im Mittel würden sich daraus rund 18,75 % ergeben. Ein Ansatz von maximal 15 % scheint daher sehr angemessen. Die Beispielrechnung arbeitet sogar nur mit 10 %.

Ein weiterer Aspekt, der nicht unterschätzt werden sollte, ist der Wegfall des Einarbeitungseffektes. Führt eine Kolonne dieselben Arbeitsschritte wiederholt aus, ist ein zeitlicher Ansatz für die späteren Ausführungen geringer anzusetzen als für die ersten Wiederholungen, da ein Lerneffekt einsetzt.

Bei der Beschleunigung werden die Arbeiten mit mehreren Kolonnen parallel ausgeführt, wodurch dieser Einarbeitungseffekt teilweise oder sogar ganz entfällt. Eine Beispielberechnung ist in Abb. 3.29 dargestellt.

Tätigkeit/Gewerk	Std. lt. Urkalkulation	Ausführungsdauer in Wochen		Unproduktivität aus Personalmehreinsatz	
		ursprünglich	beschleunigt	Prozent*	Stunden
Fundament Pfeiler	95	3	1	9,80%	9,31
Fundament Widerlager	470	7	4	12,00%	56,4
Widerlager	1800	12	8	11,30%	203,4
Kappen	150	4	2	16,00%	24
Restarbeiten	60	2	1	13,80%	8,28
(*nach Schubert/Vygen/Lang)					301,39

Mehrstunden:	301,39 h	
Mittellohn:	49,6 €/h	
	14.948,94 €	
U-Zulage:	33,96%	
	20.025,61 €	

Abb. 3.29 Lohnstunden aufgrund des Wegfalls von Einarbeitungseffekten. (Eigene Entwicklung nach Vygen et al. 2002, S. 358 ff., Rdn. 469 ff.)

Die Berechnung der Prozentsätze folgt einer Berechnungsmethode nach Vygen et al.[79] Diese ist prinzipiell für jeden Vorgang und mit den Einarbeitungskennzahlen durchzuführen. Erfahrungsgemäß liegt der Prozentsatz zwischen 10 und 15 %.

Neben diesem Effekt kommt es zu einer Leistungsminderung bei Überstunden. Während der normalen Arbeitszeit ist eine relativ ausgeglichene Leistungskurve zu erwarten. Ein Mitarbeiter kann bis zu acht Stunden pro Tag seine volle Leistung abrufen. Werden diese 8 h überschritten, kommt es aufgrund der sich einstellenden Ermüdung und Erschöpfung zu einem Leistungsabfall.

Die Unproduktivität bestimmt sich aus:[80]

- Unprod. $= 1 - [(12 - 16 \times (1 - T/16)^2)/T]$,

  wobei „T" die tägliche Arbeitszeit in Stunden bemisst.

Die Basis dieser Vorgehensweise ist ein Arbeitstag von 8 h.

Das folgende Beispiel macht deutlich, wie sich der Prozentsatz ermittelt: Wenn bei der ursprünglichen Planung von einer Arbeitszeit von 8,5 h pro Tag ausgegangen wurde und sich diese Arbeitszeit aufgrund der Beschleunigungsmaßnahmen auf 10 h pro Tag erhöhen, ergibt sich für „T = 8,5" ein Prozentsatz von 0,18 und für „T = 10" ein Prozentsatz von 2,5. Über die Differenzbildung ergibt sich eine Unproduktivität vom 2,5 % abzgl. 0,18 % = 2,32 %.

Dieser Prozentsatz fließt in einem weiteren Schritt in die Neuberechnung des Mittellohns (siehe Abschn. 3.4.3.2) ein.

Ebenso verhält es sich mit den Unproduktivitäten aufgrund erhöhter Baustellendisposition und geänderten Abschnittsgrößen. Im Zuge der Arbeitsvorbereitung eines Bauunternehmens wurde der Baufortschritt optimal geplant. Durch die Beschleunigung der Baumaßnahme kommt es nun zu Störungen dieser Planung. Dies bedingt Unproduktivitäten bei der Baustellendisposition, da der Arbeitsplatz häufig umgesetzt werden muss, sich Teilbereiche vergrößern oder verkleinern, es zu verlängerten Transportwegen von Material und Personal kommt, etc. wodurch sich die sogenannten Hilfs- und Randstunden erhöhen.[81] Folglich entsteht ein höherer Aufwand pro Einheit, wodurch in der gleichen Zeit weniger hergestellt werden kann. Vygen et al. geben den prozentualen Anteil dieser Stunden mit 5–50 %[82] an. Der zweite Wert scheint allerdings sehr hoch angesetzt. Der prozentuale Zuschlag zum Ausgleich dieser Unproduktivität sollte nach Ansicht des Autors zwischen 2 und 20 % angesetzt werden.

---

[79]Vgl. Vygen et al. (2002), S. 358 ff., Rdn. 469 ff.

[80]Eigene Entwicklung Vygen et al. (2002), S. 370 f., Rdn. 494 ff.

[81]Vgl. Vygen et al. (2002), S. 362 ff., Rdn. 474 ff.

[82]Vgl. Vygen et al. (2002), S. 363, Rdn. 476.

3.4.5.2 Anpassung des Mittellohns

Um die angepassten Prozentsätze der Unproduktivität aus der erhöhten Baustellendisposition und der erhöhten Arbeitszeit zu berücksichtigen, muss eine Anpassung
des Mittellohns erfolgen. Hinzuzurechnen sind Kosten für eine veränderte Kolonnenzusammensetzung, wodurch sich weitere Kosten für Auslöse, Kilometergeld und
eventuelle Unterbringungen ergeben. Letzteres kann wie bei der Bindefristverlängerung
oder der Unterbrechung als Zulage-Kalkulation erfolgen. Gerade für die Anpassung
der Unproduktivitäten muss es allerdings eine Neuberechnung des Mittellohns geben.
Hierbei ist auch eine Unproduktivität für die Anpassung des Poliers sinnvoll, da dieser
während der Beschleunigung mehr Koordinations- und Aufsichtspflichten wahrnehmen
muss, wodurch er nicht wie ursprünglich geplant mitarbeiten kann.

3.4.5.3 Verschiebung der Arbeiten in einen früheren Zeitraum

Analog zu den Berechnungen der Kosten aus einer Verschiebung in eine spätere Ausführungszeit, explizit in den Winter, aus Abschn. 3.4.3.2, kann es auch bei einer
Beschleunigung zu genau diesen Kosten kommen.[83] Dies ist der Fall, wenn beispielsweise Leistungen aus dem Frühling durch die Vorziehung in die Wintermonate fallen.
Eine Berechnung erfolgt nach in Abschn. 3.4.3.2 beschriebener Vorgehensweise.

3.4.5.4 Anpassung der Zuschläge

Anpassung der Nachunternehmerzuschläge

Durch eine Anpassung der Nachunternehmerzuschläge werden die Kosten abgedeckt,
die durch zusätzliche Nachträge von Nachunternehmern, Beschleunigungsprämien und/
oder Zuschlägen zur Abwicklung der Arbeiten in einem verdichteten Bauablauf entstehen. Hinzu kommt der Einsatz zusätzlicher Nachunternehmer, ein erhöhtes Prozess-
risiko, die Geltendmachung von Stillstands- und Wartezeiten der Nachunternehmer und
Kosten die Nachunternehmern entstehen, um zusätzliche Geräte und Personal einzu-
setzen. Bei diesem Vorgehen können die Fremdleistungen der Urkalkulation prozentual
pauschal erhöht werden, da zu Beginn der Beschleunigung nicht alle Nachunternehmer
eingebunden werden können, um konkrete Mehrkosten zu fixieren. Eine Erhöhung um
5 % scheint angemessen und akzeptabel.

Anpassung des AGK-Zuschlags

Ähnlich kann bei der Anpassung des Zuschlags für Allgemeine Geschäftskosten verfahren werden. Dieser ergibt sich aus der Umsetzung der Baumaßnahme mit verkürzter
Bauzeit und bezieht sich auf die Mehrbetreuung durch die kaufmännische Abteilung,
Kurierdienste von Plänen und Post die direkt mit dieser Baumaßnahme in Verbindung zu
bringen sind.

---

[83]Vgl. Eichner (2011), S. 16.

Eine Erhöhung um 0,5 % scheint angemessen und akzeptabel. Beaufschlagt wird in diesem Fall der gesamte Umsatz der Urkalkulation.

Anpassung des Zuschlags für Wagnis
Neben den genannten Zuschlägen sollte auch der Zuschlag für das Unternehmerwagnis angepasst werden. Aufgrund des verdichteten Bauablaufs ergibt sich beispielsweise der Wegfall bzw. die Reduzierung von fest eingeplanten Pufferzeiten, wodurch sich das Risiko erhöht. So kann kaum mehr auf schlechte Witterung oder eine Begrenztheit der verfügbaren Kapazitäten etc. reagiert werden. Eine Erhöhung um zirka 1 bis 2 % scheint angemessen.

3.4.5.5 Anpassung der Baustellengemeinkosten

Bei der Anpassung der Baustellengemeinkosten empfiehlt sich eine Vorgehensweise über den Zuschlag nicht, da diese direkter erfassbar sind und daher detaillierter berechnet werden können. Neben der Aufstockung des Personals werden auch zusätzliche Schalungen und Geräte benötigt, um die Maßnahme mit einem verdichteten Ablauf abzuleisten, da verschiedene Prozesse parallel und zeitgleich ablaufen.

Diese Anpassung der Kalkulation erfolgt beispielhaft in Abb. 3.30. Dabei werden vor allem Geräte und Unterkünfte für das aufgestockte Personal berechnet. Zudem steigen die Personalkosten im Bereich der Bauleitung, da diese vermehrt an diese Baustelle gebunden sind. Ersparnisse, wie etwa bei Verbrauchsstoffen möglich (verringerte Vorhaltezeit) müssen gegengerechnet werden.

Alternativ können zusätzliches Schalmaterial (siehe Abb. 3.31) und der Einsatz zusätzlicher Bau- und Projektleitung (ähnlich Abb. 3.9 in Abschn. 3.4.3.1) einzeln als Zulage kalkuliert werden. Auch bei den Geräten ist dies möglich.

Im Falle der Anpassung der Bau- und Projektleitung kann entweder die Auslastung im Verhältnis zur Urkalkulation erhöht oder zusätzliches Personal für die Anzahl der beschleunigten Monate berechnet werden. Dass eine Aufstockung bzw. ein zusätzlicher Aufwand geleistet werden muss, liegt in der Bauumstellung begründet, wodurch sich koordinative Tätigkeiten, die Disposition der Kolonnen und Geräte und Betreuungsaufgaben erhöhen.

		ursprünglich	Neukalkulation	Mehrkosten
1.	Gehälter	250.000,00 €	280.000,00 €	30.000,00 €
2.	Arbeitsvorbereitung	30.000,00 €	30.000,00 €	0,00 €
3.	sonstige Reisekosten und Bewirtung	3.500,00 €	3.900,00 €	400,00 €
4.	Tel. / Fax. / Büromaterial	2.000,00 €	2.500,00 €	500,00 €
5.	Hilfslöhne	200.000,00 €	200.000,00 €	0,00 €
6.	Betonüberwachung	2.500,00 €	2.500,00 €	0,00 €
7.	Gerätemiete & -Reperaturkosten	280.000,00 €	320.000,00 €	40.000,00 €
8.	Verbrauchsstoffe	70.000,00 €	60.000,00 €	-10.000,00 €
	Gesamt	838.000,00 €	898.900,00 €	60.900,00 €

Abb. 3.30 Anpassung der BGK – Beschleunigung

Zulagekalkulation

Position	Bauteil / Kurzbeschreibung	Menge	Einheit	Zulage		Mittellohn	Lohn	Material	Gesamt
				Lohn [h/Einh.]	Material [€/Einh.]				
1	Fundament	215	m²	0,2	2,00 €	46,90 €	2.016,70 €	430,00 €	2.446,70 €
2	Widerlager	915	m²	0,65	3,75 €	46,90 €	27.893,78 €	3.431,25 €	31.325,03 €
3	Gesims	55	m²	0,4	3,25 €	46,90 €	1.031,80 €	178,75 €	1.210,55 €
4	Kappe	30	m²	0,7	7,50 €	46,90 €	984,90 €	225,00 €	1.209,90 €
									36.192,18 €
							U-Zulage:	21,20%	7.672,74 €
									43.864,92 €

Abb. 3.31   Zulage-Kalkulation für zusätzliche Schalung

3.4.5.6 Forcierte Bearbeitung und Zusatzleistungen

Durch eine forcierte Bearbeitung während der beschleunigten Bauzeit können weitere Mehrkosten anfallen. Sie sind als direkte Kosten der Baumaßnahme zuzuordnen und wären ohne die Beschleunigung der Arbeiten nicht in diesem Maße erforderlich. Zur Einhaltung der verdichteten Bauabläufe und unter Berücksichtigung der Planlaufzeiten ergibt sich ein verstärkter Arbeitseinsatz in Form von Wochenendarbeit und Überstunden für das technische Büro in den ersten Monaten nach der Auftragserteilung. Des Weiteren steht nur eine verkürzte Zeit für die Planvorläufe zur Verfügung.

Die zusätzlichen Stunden werden detailliert erfasst, Überstunden beaufschlagt und zur Abrechnung gebracht.

Hinzu kommen Kosten aus der kaufmännischen Abteilung etwa für zusätzlichen anfallenden Schriftverkehr und Kurierdienste für Pläne und Briefe, die aus Zeitgründen nicht mehr mit der „normalen" Post versandt werden können.

Generell gilt, dass die Kosten eher dann anerkannt werden, wenn die Auflistung detailliert und nachvollziehbar geführt wird.

Neben dem erhöhten Aufwand im Büro, entstehen direkt auf der Baustelle zusätzlich benötigte Leistungen, die ohne die Beschleunigung nicht angefallen wären und demnach kausal auf diese zurückzuführen sind. Dies kann beispielsweise die folgenden Punkte betreffen:[84]

- zusätzliche Auf- und Abbautätigkeiten in Zusammenhang mit der erhöhten Baustelleneinrichtung
- zusätzliche Entsorgungskosten aufgrund des erhöhten Personalbestands
- Arbeitstechniken sind aufgrund des geänderten Bauablaufes nicht mehr möglich (z. B. Rammen, etc.)
- Hindernisse entstehen
- Arbeitsverbot zu bestimmten Uhrzeiten, in denen durch die Überstunden gearbeitet werden muss

---

[84]Eigene Aufstellung ohne Anspruch auf Vollständigkeit, zudem ist die Liste ständig zu ergänzen.

- Zusätzliche Schutzmaßnahmen müssen getroffen werden
- Zusätzliche Unterkünfte müssen gestellt werden (z. B. mehr Auslöse-Personal)
- Erhöhte Transportkosten für zusätzliche Geräte
- Mehrverbrauch bei Geräten (Kraft-/Schmierstoffe)
- Vermehrt Heizkosten in Unterkünften und Pausenräumen
- Stromkosten für erhöhte Beleuchtung
- Erhöhter Gas-/Stromverbrauch – Gas-/Stromkosten
- Erhöhte Fahrtkosten
- Zusätzliche Umbau- und Rüstzeiten von Schalungsmaterial
- Leerlauf und Fehlzeiten durch Improvisation
- Ablauf- und störungsbedingte Wartezeiten
- Minderleistungen aus Änderungen der optimalen Abschnittsgröße, solange diese nicht in der Schalungsanpassung abgedeckt sind[85]
- Änderung von Bauverfahren

3.4.5.7 Kosten der Nachtragserstellung

Bei der Nachtragserstellung wird gleich dem Abschn. 3.4.3.6 bzw. Abschn. 3.4.4.4 vorgegangen.

Literatur

Gesetze, Verordnungen, Vorschriften und Normen

DIN 69901 (2009) DIN Deutsches Institut für Normung e. V., DIN 69901-3 „Projektmanagement – Projektmanagementsysteme – Teil 3: Methoden", Beuth-Verlag, Berlin
VOB (2019) Bundesvereinigung Mittelständischer Bauunternehmen e. V. (BVMB), Vergabe- und Vertragsordnung – Ausgabe 2019, Ernst Vögel Verlag, Stamsried

Monographien und Beitragswerke

BGL (2015): Baugeräteliste, Hauptverband der deutschen Bauindustrie (Hrsg.), 1. Aufl., Bauverlag BV, Gütersloh/Berlin
Bötzkes F.-A. (2015) Gestörter Bauablauf – baubetriebliche und juristische Grundlagen für bauzeitliche Ansprüche – baubetrieblicher Teil, Seminarunterlage der Bundesvereinigung Mittelständischer Bauunternehmen e. V. (BVMB) vom 04.02.2015, Hannover
Genschow C., Stelter O. (2013) Störungen im Bauablauf – Problemlösungen – Schritt für Schritt – an einem Praxisbeispiel dargestellt, 3 Aufl., Werner Verlag, Köln
Gonschorek L. (2012) Ausgewählte Probleme bei der Geltendmachung von Nachtragsbearbeitungskosten – Untersuchung der Vorgehensweisen von Auftragnehmern in der Praxis.

---

[85]Für weitere Ausführungen hierzu siehe: Vygen et al. (2002), S. 366, Rdn. 482 ff.

In: 23. Assistententreffen der Bereiche Bauwirtschaft, Baubetrieb und Bauverfahrenstechnik, Tagung an der RWTH Aachen Juli 2012, VDI Verlag GmbH, Düsseldorf, S. 213–230

Heiermann W., Riedl R., Rusam M. (2011) Handkommentar zur VOB, Teile A und B, 12. Aufl., Vieweg + Teubner Verlag, Wiesbaden

Ingenstau H., Korbion H. (2010) VOB Teile A und B – Kommentar, 17. Aufl., Werner Verlag, Düsseldorf

Kapellmann K.-H., Schiffers K. D. (2006) Vergütung, Nachträge und Behinderungsfolgen beim Bauvertrag, Band 1: Einheitspreisvertrag, 5. völlig neu bearbeitete und erweiterte Aufl., Werner Verlag, Düsseldorf

Lang A., Rasch D. (2002) Allgemeine Geschäftskosten bei einer Verlängerung der Bauzeit. In: Festschrift für Walter Jagenburg zum 65. Geburtstag, S. 417–435, Beck, München

Reister D. (2014) Nachträge beim Bauvertrag, 3. Aufl., Werner Verlag, Köln

Roquette A. J., Viering M. G., Leupertz S. (2013) Handbuch Bauzeit, 2. Aufl., Werner Verlag, Düsseldorf

Schofer R. (2014) Gutachten zur Ermittlung der Mehrkosten in Folge der Baubeginnverschiebung und der Bauzeitverlängerung beim Bauvorhaben Bundesautobahn A14 der Fa. Fritz Spieker GmbH (Neubau von vier Brücken für das Straßenbauamt Schwerin), unveröffentlicht

Stauf D. (2014) Gestörter Bauablauf – juristische Grundlagen für bauzeitliche Ansprüche, Seminarunterlage der Bundesvereinigung Mittelständischer Bauunternehmen e. V. (BVMB) vom 04.02.2015, Hannover

Vygen K., Schubert E., Lang A. (2002) Bauverzögerung und Leistungsänderung: Rechtliche und baubetriebliche Probleme und ihre Lösungen, 4. neu bearbeitete und erweiterte Aufl., Werner Verlag, Düsseldorf

Zeitschriften und Zeitungen

Bötzkes F.-A. (2010) Gestörter Bauablauf – Baubetriebliche Ermittlung von Bauzeitverlängerungen und Berechnung der Mehrkosten. In: Bautechnik (Sonderdruck), 03/2010, S. 145–157

Greune S. (2012) Produktivitätsminderungen – Anwendung der „Measured Mile"-Methode in den USA. Veröffentlichung des Instituts für Bauwirtschaft und Baubetrieb der TU Braunschweig, 04/2012, S. 1–4

Greune S. (2014) Bewertung von Produktivitätsminderungen insbesondere bei multiplen Störungen. In: Institut für Bauwirtschaft und Baubetrieb (Hrsg.): – Leistungsansätze und Produktivitätsverlust – von der Kalkulation zum Nachweis; Beiträge zum Braunschweiger Baubetriebsseminar vom 21.02.2014, Institut für Bauwirtschaft und Baubetrieb TU Braunschweig, 02/2014, S. 142–194

Heilfort T. (2010) Durchführung eines differenzierten Gemeinkostenausgleichs für Allgemeine Geschäftskosten im gestörten Bauablauf. In: BauR, Heft 10/2010, S. 1673–1680

Knipp B. (2009) Aktuelle Rechtsprechung zur Bauvertrags- und Baurechtspraxis, RA Bernd Knipp. In: Deutsches Baublatt, Heft 6/2009 (Nr.347), S. 27

Kornet M. (2016) Die Behandlung von AGK in gestörten Bauabläufen. In: BauR Heft 9/2016, S. 1386–1406

Kumlehn F. (2003) Problemfelder bei der Bewertung von Bauablaufstörungen. In: Sonderfragen des gestörten Bauablaufs: Beiträge zum Braunschweiger Baubetriebsseminar vom 14.02.2003. Institut für Bauwirtschaft und Baubetrieb Braunschweig

Wanninger R., Stolze S.-F., Kratzenberg R. (2006) Auswirkungen von Vergabenachprüfungsverfahren auf die Kosten öffentlicher Baumaßnahmen. In: NZBau – Neue Zeitschrift für Baurecht und Vergaberecht, Heft 08/2006, Beck, Frankfurt a. M., S. 481–486

Online-Dokument

Eichner M. C. (2011) Differenzierung zwischen Kosten aus gestörtem Bauablauf und Beschleunigungskosten. MCE-Consult AG, Bau-Literatur, https://www.mce-consult.com/wp-content/uploads/2016/08/Differenzierung-Kosten_WEB2014_final.pdf, Abrufdatum: 05.04.2020

Statistisches Bundesamt (2020) Index der Erzeugerpreise gewerblicher Produkte – Lange Reihen, Inlandsabsatz – Betonstahl, https://www.destatis.de/DE/Themen/Wirtschaft/Preise/Erzeugerpreisindex-gewerbliche-Produkte/_inhalt.html, Wiesbaden, Abrufdatum: 17.04.2020

Urteile

BGH-Urteil VII ZR 185/98 vom 21.10.1999
BGH-Urteil VII ZR 338/01 vom 27.02.2003
BGH-Urteil VII ZR 11/08 vom 11.05.2009
Urteil 23 U 151/86 des OLG Düsseldorf vom 28.04.1987
Urteil 23 U 4090/90 des OLG München vom 9.11.1990
Urteil 8 U 318/04 des OLG Jena vom 22.03.2005
Urteil 2 O 328/14 des LG Mainz vom 08.01.2016
Urteil Az. VI-U (Kart) 11/11 vom 20.07.2011

Arbeitsanweisung zur zukünftigen Vorgehensweise

Sobald die Mehrkosten aus Bauablaufstörungen konkret berechnet und ausreichend gemäß den Anforderungen aus Abschn. 2.5.2 dokumentiert und zusammengestellt sind, gilt es, den Nachtrag aufzustellen. Neben den bereits im Leitfaden dargestellten Aspekten ist es erfolgsversprechend, sich an der nachfolgenden Arbeitsanweisung zu orientieren. Gleiches gilt für die Vorgehensweise bei zukünftig auftretenden Störungen des Bauablaufes.

Der übliche grobe Ablauf zur Bearbeitung eines Nachtrages ist in Abb. 4.1 dargestellt. Vom Eintritt der Störung bis zur Erstellung des Nachtrages und der Übergabe an den Auftraggeber müssen zunächst die finanziellen und zeitlichen Auswirkungen angemeldet und ermittelt werden. Abb. 4.2 zeigt den weiteren Ablauf bis hin zur Beauftragung in einem Fall, und gegebenenfalls der gerichtlichen Auseinandersetzung im anderen Fall.

Sobald die Ursachen extern, also nicht im Bereich des Auftragnehmers liegen, und es zu zeitlichen und/oder finanziellen Auswirkungen kommt, muss dies angemeldet werden. Um auf der sicheren Seite zu sein, sollte dies unverzüglich schriftlich und unabhängig von der Anspruchsgrundlage in jedem Fall erfolgen. Danach kann die Grundlage für den Nachtrag bewertet werden. Hier ist im Sinne der haftungsbegründenden Kausalität zunächst zu prüfen, welche adäquat-kausalen Folgen die Störung hat und welche nachfolgenden Gewerke bzw. Bauabschnitte betroffen sind. Hier können erste Aussagen zu den zeitlichen Auswirkungen getroffen werden. Daneben ist im Sinne der haftungsausfüllenden Kausalität zu prüfen, welche Mehrkosten ursächlich auf die Störung zurückzuführen sind.

Der fertige Nachtrag kann dann dem Auftraggeber zur Prüfung übergeben werden. Der Auftraggeber wird den Nachtrag dann entweder beauftragen, anerkennen, aber zur Höhe streitig stellen oder im Gesamten ablehnen. Im Falle der Ablehnung müssen die Gründe hierfür überprüft werden. Sofern die Gründe für die Ablehnung für den Auftragnehmer nicht nachvollziehbar sind, schließen sich eine Verhandlung und ggf. eine

© Der/die Herausgeber bzw. der/die Autor(en), exklusiv lizenziert durch Springer Fachmedien Wiesbaden GmbH, ein Teil von Springer Nature 2020

S. Ahting, *Nachtragsmanagement bei gestörten Bauabläufen*, https://doi.org/10.1007/978-3-658-30515-4_4

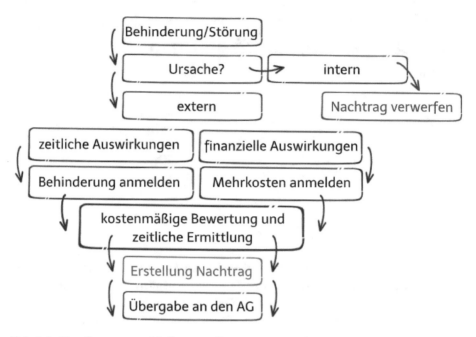

Abb. 4.1 Flussdiagramm zur Nachtragerstellung

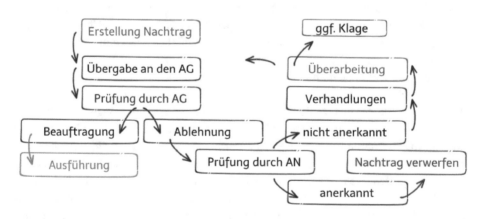

Abb. 4.2 Flussdiagramm zur Nachtragsbearbeitung

Überarbeitung des Nachtrages an. In einem letzten Schritt folgt, vorausgesetzt es kann keine Einigung erzielt werden, der Gang vor ein Schieds- oder ein ordentliches Gericht, eine Präjudikation, Mediation o. Ä.

Um eine gerichtliche Auseinandersetzung zu vermeiden oder im Falle dieser eine gute Ausgangssituation zu haben, sind eine sinnvolle Struktur und ein übersichtlicher Aufbau des Nachtrages wichtig. Auch eine bildliche Umsetzung des Beschriebenen kann das Verständnis und die Nachvollziehbarkeit für alle Beteiligten, aber besonders für diejenigen, die als externe Fachleute hinzugezogen werden und somit nicht so sehr in den komplexen projektspezifischen Abläufen stecken wie es unmittelbar Beteiligte tun, erhöhen.[1]

Die nachfolgenden elf Schritte zur Herangehensweise bei Bauablaufstörung helfen bei der zukünftigen Bearbeitung und dabei, die geforderten Anforderungen zu erfüllen. Sie sind chronologisch abzuarbeiten.

1. Art und Abweichung vom Bau-Soll feststellen
Zunächst ist anhand der ständigen und baubegleitenden Dokumentation jede mögliche Abweichung vom Bau-Soll zu erfassen und zu analysieren. Hierfür müssen vor allem Bautagebücher, Besprechungsprotokolle und Planlauflisten aktuell geführt werden. Beispielsweise sollte ein Bauzeitenplan als Soll-Ablauf als Grundlage für den geplanten Bauablauf für jedes Bauvorhaben, ob gestört oder ungestört, existieren. Der kritische Weg sollte bereits zu Anfang mit Angabe der Vorgänge und den Abhängigkeiten definiert werden. Zudem sind Vorunternehmerleistungen, auch Planerstellungstermine, deutlich zu formulieren. Ebenso wichtig ist es darzustellen, in wieweit Bauabläufe von der Vorlage von geprüften Ausführungsunterlagen des Auftraggebers abhängig sind. Sobald bedeutende Abweichungen ausgemacht werden, müssen diese dem Auftraggeber mitgeteilt werden.

2. Anmeldung der Ansprüche
Gerade um den Anforderungen an die Nachweisführung gerecht zu werden, beginnt der Prozess mit einer schriftlichen und unverzüglichen Anmeldung der Ansprüche[2] auf Mehrkosten[3] oder Bauzeitverlängerung durch den Bauleiter. Dies gilt aus Gründen der Rechtssicherheit auch bei der Ausführung einer Anordnung im Auftrag des Auftraggebers[4] und hat unverzüglich und schriftlich zu erfolgen. Gleiches gilt für eine Behinderungsanzeige, die erstellt werden muss, sobald sich etwas ergibt, das nicht planmäßig läuft bzw. die ordnungsgemäße Ausführung, auch in Bezug auf Fristen, behindert.

Wie eine formgerechte Behinderungsanzeige auszusehen hat, regelt die VOB. Wichtig ist, dass in der Behinderungsanzeige sowohl der Verursacher benannt wird als auch absehbare Folgen auf den Bauablauf aufgezeigt werden.

---

[1]Vgl. Dreier (2001), S. 3.

[2]Vgl. u. a. Urteil 17 U 141/10 des OLG Köln vom 28.11.2011.

[3]Die alleinige Anmeldung reicht vorerst aus. Der Anspruch auf Mehrvergütung gilt auch, wenn beide Parteien vor der Ausführung keine Preisvereinbarung treffen konnten. (vgl. hierzu Urteil 7 U 203/12 des KG vom 17.12.2013).

[4]Das OLG Köln hält dies für entbehrlich (vgl. Urteil 3 U 115/15 des OLG Köln vom 26.01.2016).

Ein Beispieltext könnte folgendermaßen lauten:

Behinderungsanzeige gemäß § 6 Abs. 1 VOB/B
Sehr geehrte Damen und Herren,
gemäß § 6 Abs. 1 VOB/B ist es die Pflicht des Auftragnehmers, dem Auftraggeber unverzüglich anzuzeigen, wenn er sich in der ordnungsgemäßen Ausführung der vertraglich vereinbarten Leistung behindert glaubt.

Dem kommen wir hiermit nach und zeigen wegen der folgenden Umstände Behinderung an:

- *[Hier folgt eine Beschreibung der eingetretenen hindernden Umstände.]*
  Dies wirkt sich folgendermaßen auf die jeweiligen Abläufe aus:
- *[Um eine fehlende Lokalisierung der Auswirkungen einer Störung zu vermeiden, sollte hier exakt beschrieben werden, auf welche geplanten Tätigkeiten/Abläufe sich die Behinderung bezieht und welche Folgen sie hat.]*

Diese Behinderung ist

- *a) von Ihnen zu vertreten. [oder]*
- *b) durch höhere Gewalt hervorgerufen. [unpassendes löschen]*

Im Sinne des § 6 Abs. 3 werden wir Sie benachrichtigen und die Arbeiten wieder aufnehmen, sobald die oben genannten Umstände wegfallen.
Des Weiteren weisen wir darauf hin, dass uns als Auftragnehmer gemäß § 6 Abs. 2 Nr. 1a und Abs. 4 VOB/B eine Verlängerung der Fristen zusteht. Hierzu wird Ihnen noch eine detaillierte Fristberechnung zugehen.
Mit freundlichen Grüßen

3. Chronologie aufstellen

Sobald die Ansprüche angemeldet sind und der Auftraggeber weiß, dass er zusätzliche Kosten erwarten kann, gilt es eine chronologische Abfolge der zeitlichen Reihenfolge der Abläufe und der Entscheidungsprozesse aufzustellen. In dieser Darstellung ist alles aufzuführen, was einen Zusammenhang mit der Störung, deren Ursache und dem weiteren Verlauf des Bauvorhabens aufweist. Dabei sollten auch alle relevanten Ereignisse von der Angebotseinreichung bis zum Fertigstellungstermin aufgelistet werden. In dieser Chronologie sind auch wichtige Schreiben, wie die Behinderungsanzeige oder die Mehrkostenanmeldung mit Datum zu berücksichtigen.

4. Gegenüberstellung des Bau-Solls und des Bau-Ists

Unter Zuhilfenahme der Chronologie ist nachfolgend die Abweichung des Bau-Ists vom Bau-Soll darzustellen. Hierfür können Planlisten, Bauzeitenpläne etc. verwendet werden. Wichtig ist, dass dargestellt wird, wie die vereinbarte Bauleistung, z. B. anhand der Auftragskalkulation, hinsichtlich der Bauzeiten, des Umfangs, der eingebundenen Kapazitäten und der geplanten Arbeitszeiten aussah und wie sich dies ändert, um die Folgen der Bauablaufstörung abzufangen bzw. die Mehraufwände abzuarbeiten. Hierbei soll „die dokumentarisch erfasste Nachtragsleistung den entsprechenden Positionen des Leistungsverzeichnisses"[5] gegenübergestellt werden. Ein wichtiges Dokument zur Erkennung der tatsächlichen Leistung sind Bautagesberichte. Zu beachten sind hierbei auch sowohl bereits ausgeführte, als auch geplante technische Nachträge.

5. Wahl der Anspruchsgrundlage

Wie ausführlich im Abschn. 2.4 erörtert, hat der Auftragnehmer je nach Voraussetzung die Wahl zwischen mehreren Anspruchsgrundlagen für Mehrkostenansprüche. Je nach Grundlage unterscheidet sich die Methodik der Berechnung der Mehrkosten. Die Checkliste für Anspruchsvoraussetzungen (siehe Tab. 3.2 in Abschn. 3.4) kann bei der Wahl helfen.

Nur wenn alle Fragen eines Bereiches der Tabelle mit „Ja" beantwortet werden können, haben die Forderungen Aussicht auf Erfolg. Die gewählte Anspruchsgrundlage ist dem Auftraggeber im Zuge des Nachtragangebotes mitzuteilen.

6. Begründung der Anspruchsgrundlage

Da der Auftragnehmer, wenn es um die Abweichung des Bau-Ists vom Bau-Soll geht, in rechtlicher Hinsicht beweispflichtig ist, ist eine Nachtragsbegründung zwingend.[6]

In einem ersten Nachweisschritt müssen zunächst die Tatsachen nachgewiesen werden, aus denen sich die haftungsbegründende Kausalität ergibt. Es müsse also dargelegt werden, warum überhaupt ein Anspruch geltend gemacht werden könne. Erst wenn diese Hürde genommen sei, könne in einem zweiten Schritt die haftungsausfüllende Kausalität dargelegt werden, also in welcher Höhe dem Unternehmer ein monetärer oder bauzeitlicher Nachteil entstanden sei.[7]

Hierbei ist nach den Ausführungen in Abschn. 2.5.2 vorzugehen. Dabei ist auch ein Soll'-Ablaufplan gemäß den oben genannten Vorgaben zu erstellen. Zusammenfassend sei gesagt, worauf es bei der Nachweisführung vor allem ankommt:

Der BGH[8] spricht von vier Prinzipien[9]:

- dem Wirklichkeitsprinzip, welches besagt, dass der gestörte Bauablauf wirklichkeitsgetreu dargestellt werden muss
- dem Einzelfallprinzip, nach welchem jede Störung für sich zu bewerten ist, auch wenn mehrere Störungen parallel auftreten

---

[5]Vygen et al. (2002), S. 439, Rdn. 608.

[6]Vgl. Reister (2014), S. 547.

[7]Vgl. Greune (2012), S. 1.

[8]Vgl. BGH-Urteil VII ZR 286/84 vom 20.02.1986.

[9]Vgl. Bötzkes (2010), S. 145.

- dem Verursachungsprinzip, nach welchem jede Störung einem Vorgang so zugeordnet werden muss, dass die Auswirkungen direkt deutlich werden und
- dem Schadensprinzip, welches besagt, dass bei einem Vergleich der ungestörten Situation mit der gestörten Situation die daraus resultierenden Mehrkosten aufgezeigt werden sollen.

7. Ermittlung und Darstellung der Bauzeitverlängerung

Egal ob eine Störung oder mehrere Störungen vorliegen, sollte zunächst jede Störung für sich betrachtet und dargestellt werden. Dies gilt auch bei der Ermittlung der Bauzeitverlängerung, welche gemäß den Anforderungen in Abschn. 3.3 abläuft. Jede Störung und deren Auswirkungen auf den Bauablauf ist deutlich zu kennzeichnen. Dies kann in einem Balken- oder Netzplan in Verbindung mit einer Erläuterung geschehen.[10]

Wichtig ist, dass die Aktualisierung der Bauzeitenpläne baubegleitend und unter Angabe des Grundes für die jeweilige Aktualisierung geschieht und diese dem Auftraggeber vorgelegt werden. Bei jeder einzelnen Störung sind die Auswirkungen aufzuzeigen. Sollte es im Zuge von Bauzeitverhandlungen zu Beschleunigungsaufträgen des Auftraggebers kommen, sollten diese schriftlich vereinbart werden, damit die klare Anordnung im Sinne des § 2 VOB/B vorliegt. In diesem Fall ist zudem ein gesondertes Nachtragsverzeichnis inkl. Leistungsbeschreibung allein für die Beschleunigung zu vereinbaren.

8. Leistungsverzeichnis

Das Leistungsverzeichnis ist für jeden Nachtrag als Folge einer Bauablaufstörung aufzustellen. Hierin werden alle Leistungen und Mehraufwände ausführlich und erschöpfend beschrieben, die durch die Störung notwendig werden, um die Abweichung vom Bau-Soll wieder auszugleichen und die vertraglich geschuldete Leistung zu erstellen.

Gleichzeitig zeigt es die ermittelten Mehrkosten für die einzelnen Positionen auf. Die einzelnen Positionen sind, abhängig von der konkreten Anspruchsgrundlage, nach den Vorgaben der Methoden im Abschn. 3.4 zu berechnen.

Zudem kann es sinnvoll sein, dem Auftraggeber ein Konzept vorzulegen, in welchem erklärend beschrieben wird, wodurch die Mehrkosten entstehen. Dies dienen einer besseren Akzeptanz und Verständlichkeit.

Zusammenfassend folgen Beispiele für Positionen eines Leistungsverzeichnisses für einen Stillstand (Baustopp oder Bindefristverlängerung):[11]

---

[10]Vgl. Urteil 24 U 199/12 des OLG Köln vom 28.01.2014.

[11]Hierbei gilt, dass nicht alle Positionen nebeneinander möglich sind oder abgerechnet werden können. Dies ist einzelfallbezogen zu entscheiden. Darüber hinaus kann die Liste jederzeit ergänzt werden und hat keinen Anspruch auf Vollständigkeit.

- Kosten für die Geräte- und Schalungsvorhaltung/Vorhaltekosten
- Kosten für Geräte und Zubehör der Nachunternehmer
- Kosten durch Zwischenlager
- Entstandene Kosten durch Ausfallzeiten des angestellten Personals
- Entstandene Kosten durch den Personalausfall der gewerblichen Mitarbeiter
- Entstandene Kosten durch Kurzarbeit
- Mehrkosten aus der störungsbedingt zusätzlich benötigten Bau- und Projektleitung
- Mehrkosten aus den störungsbedingt zusätzlich benötigten Transportkosten
- Bereitstellungskosten bzw. Unproduktivitäten
  - für das technische Büro
  - für das gewerbliche Personal
- Mehrkosten infolge der Leistungsverschiebungen aus Lohnerhöhungen durch einen späteren Abrechnungszeitraum
  - Anpassung Grundlohn
  - Zulage für Auslöse/Unterbringungskosten
  - Gehaltskostenanpassung Personal
  - Baustoffpreiserhöhungen (Stahl, Beton, etc.)
  - Nachunternehmervergaben
- Mehrkosten infolge der Verschiebung in eine ungünstige Witterungszeit
- Zusatzleistungen
- Mehrkosten aus der Bauzeitverlängerung/Bauzeitverschiebung als Sekundärfolge des Stillstands
  - Anpassung der Baustellengemeinkosten
  - Zusatzkosten durch Bau- und Projektleitung
  - Vorhaltekosten für Schalung und Gerät
- Zusatzkosten durch Stilllegung und Wiederaufnahme der Arbeiten
- Ausgleich der allgemeinen Geschäftskosten
- Mehrkosten für die Nachtragserstellung
  - Gutachterkosten
  - Internes Personal

Sollte es bei einer Baumaßnahme zu einer Beschleunigung kommen, könnte ein Leistungsverzeichnis folgende Positionen beinhalten:[12]

---

[12]Hierbei gilt, dass nicht alle Positionen nebeneinander möglich sind oder abgerechnet werden können. Dies ist einzelfallbezogen zu entscheiden. Darüber hinaus kann die Liste jederzeit ergänzt werden und hat keinen Anspruch auf Vollständigkeit.

- Zusatzkosten aufgrund Unproduktivitäten durch
  - erhöhte Arbeitszeit
  - erhöhter Baustellendisposition
  - erhöhte Aufsichtspflichten des Poliers
- Zusatzkosten durch Anpassung der Kolonnenstärke
  - Neuberechnung des Mittellohns
  - Zulage für Auslöse/Unterbringungskosten
- Zusätzliche Lohnstunden
  - durch erhöhte Anzahl gleichzeitig Beschäftigter
  - durch den Wegfall des Einarbeitungseffektes
  - durch eine nicht optimale Kolonnenzusammensetzung
- Zuschlagsanpassung
  - für Nachunternehmer
  - für die AGK
  - für Wagnis und Gewinn
- Kosten der zusätzlichen Bau- und Projektleitung während der komprimierten Bearbeitungszeit
- Kosten zusätzlicher Schalung oder Geräte
- Kosten durch Anpassung der BGK
- Zusätzliche Kosten durch forcierte Arbeiten
  - im technischen Büro
  - bei der kaufmännischen Abteilung
- Kosten für Zusatzleistungen
- Mehrkosten für die Nachtragserstellung
  - Gutachterkosten
  - Internes Personal

9. Anhänge zum Leistungsverzeichnis

Um die ermittelten Mehrkosten der einzelnen Positionen nachvollziehbar darlegen zu können, bedarf es übersichtlicher Berechnungen[13]. Diese müssen dem Nachtrag ebenso angehängt werden wie jegliche Auszüge aus der Urkalkulation, aus Nachunternehmer-angeboten und/oder aus weiteren Kalkulationen und Berechnungen des Nachtrags-angebotes.

Um dem Auftraggeber die Ansprüche so prüf- und nachvollziehbar wie möglich dar-zulegen, kann es ferner notwendig sein, dem Auftraggeber etwa die konkrete Anspruchs-grundlage und/oder die Grundlagen für die Rechenmethoden sowie deren theoretischen Grundlagen mitzuteilen. Dies kann durch schriftliche Erklärungen oder Auszüge der Fachliteratur geschehen.

---

[13]Diese können beispielsweise so aussehen, wie die gezeigten Abbildungen in den entsprechenden vorangegangenen Kapiteln.

Auch alle weiteren verwendeten Unterlagen der relevanten Dokumentation, wie etwa den Bautagesberichten, den Bauzeitenplänen, den Protokollen und der bildlichen Dokumentation sollten dem Auftraggeber zur Verfügung gestellt werden.

Grundsätzlich sollten folgende Unterlagen jedem Nachtragsangebot beigelegt sein:

- Chronologie der Ereignisse
- Anordnung zur Leistungsänderung bzw. Behinderungsanzeige (Schreiben, Protokoll oder dergleichen)
- Mehrkostenanzeige
- Darlegung des Bau-Solls (z. B. Auszug aus Leistungsverzeichnis, Planausschnitt)
- Darstellung des Bau-Ists, also der modifizierten Leistung mit Aufklärung über ggf. Störungssachverhalte
- Bei Störungen: störungsmodifizierte Fortschreibung des Soll-Ablaufes
- Konkrete bauablaufbezogene Darstellung der maßgeblichen Störungen/Änderungen
- Erläuterung der Abweichungen zwischen Bau-Soll und Bau-Ist
- Benennung der Bezugspositionen aus dem Hauptvertrag (falls es diese gibt)
- Auszug aus der Urkalkulation als Bezugsgröße
- Darlegung der Anspruchsgrundlage

10. Vorbehalte

Abschließend sind gegenüber dem Auftraggeber noch eventuelle Vorbehalte zu erklären.[14] Diese können bspw. für weitere Mehrkosten aus zusätzlichen Nachträgen (z. B., wenn Gemeinkosten gesondert gefordert werden), noch nicht erfasste Leistungen, weitere Nachweise und Aufgliederungen gelten. Ebenso sind andere Auswirkungen auf den Bauablauf, die zum Zeitpunkt der Abgabe des Nachtragsangebotes noch nicht abgeschätzt werden können vorzubehalten.

Außerdem ist gegebenenfalls anzumerken, dass die terminlichen Verschiebungen gesondert betrachtet resp. verhandelt werden. Ein alleiniger Hinweis, dass sich geänderte Ausführungsfristen ergeben, reicht hierbei nicht aus.[15]

11. Annahmeverzug

Neben diesen zehn Schritten ist es bei der Forderung nach Entschädigung (oder Schadensersatz) notwendig, den Auftraggeber in Annahmeverzug zu setzen. Als Grundsatz bei Behinderungen gilt, dass alle mit der Störung zusammenhängenden Ereignisse

---

[14]So hat u. a. das OLG Köln im Beschluss 11 U 70/13 vom 27.10.2014 festgelegt: „Der Auftraggeber kann, auch wenn er umfangreiche nachträgliche Leistungen beauftragt, davon ausgehen, dass ihm der Auftragnehmer mit seinem Nachtragsangebot ein abschließendes Angebot macht. Andernfalls muss sich der Auftragnehmer die Geltendmachung künftig entstehender Mehrkosten wegen einer in der mit einer Nachtragsbeauftragung verbundenen Bauablaufstörung vorbehalten."

[15]Vgl. Urteil 11 W 25/08 des OLG Brandenburg vom 18.08.2009

jederzeit ausführlich und vor allem nachvollziehbar dokumentiert werden und zeitgleich immer wieder die eigene Leistungsbereitschaft kundgetan werden muss[16]. Dem
Auftraggeber sollte hierfür regelmäßig schriftlich eine Erklärung zugehen, in welcher
eigene Kapazitäten (Arbeitskräfte und Geräte) zum potenziellen Arbeitseinsatz
angeboten werden, um die eigene Leistungsbereitschaft nachzuweisen und den Auftraggeber dadurch in den erforderlichen Annahmeverzug zu bringen. Dass dies nicht
explizit schriftlich der Fall sein muss, hat der BGH 2002 festgelegt. Demnach reicht
ein „wörtliches Angebot der Leistung, um den Annahmeverzug des Auftraggebers zu
begründen."[17] Weiter heißt es, dass es hierfür genügen kann, dass „der Auftragnehmer
seine Mitarbeiter auf der Baustelle zur Verfügung hält und zu erkennen gibt, daß [sic] er
bereit und in der Lage ist, seine Leistung zu erbringen."[18] Dennoch sollte die Schriftform
gewählt werden, um möglichst rechtssicher vorzugehen.

Literatur

Gesetze, Verordnungen, Vorschriften und Normen

VOB (2019) Bundesvereinigung Mittelständischer Bauunternehmen e. V. (BVMB), Vergabe- und
     Vertragsordnung – Ausgabe 2019, Ernst Vögel Verlag, Stamsried

Monographien und Beitragswerke

Dreier F. (2001) Nachtragsmanagement für gestörte Bauabläufe aus baubetrieblicher Sicht, Dis-
     sertation, Universität Cottbus
Reister D. (2014) Nachträge beim Bauvertrag, 3. Aufl., Werner Verlag, Köln
Vygen K., Schubert E., Lang A. (2002) Bauverzögerung und Leistungsänderung: Rechtliche und
     baubetriebliche Probleme und ihre Lösungen, 4. neu bearbeitete und erweiterte Aufl., Werner
     Verlag, Düsseldorf

Zeitschriften und Zeitungen

Bötzkes F.-A. (2010) Gestörter Bauablauf – Baubetriebliche Ermittlung von Bauzeitver-
     längerungen und Berechnung der Mehrkosten. In: Bautechnik (Sonderdruck), 03/2010,
     S. 145–157

---

[16]Vgl. Bieber (2009), S. 19.

[17]BGH-Urteil VII ZR 440/01 vom 19.12.2002.

[18]BGH-Urteil VII ZR 440/01 vom 19.12.2002.

Greune S. (2012) Produktivitätsminderungen – Anwendung der „Measured Mile"-Methode in den USA. Veröffentlichung des Instituts für Bauwirtschaft und Baubetrieb der TU Braunschweig, 04/2012, S. 1–4

Online-Dokument

Bieber M. (2009) Bauablaufstörungen – kurz angesprochen, Seminarvortrag, https://docplayer. org/25941369-Bauablaufstoerungen-kurz-angesprochen-dipl-ing-fh-m-bieber-seminarvortrag. html, Abrufdatum: 01.04.2020

Urteile/Beschlüsse

BGH-Urteil VII ZR 286/84 vom 20.02.1986
BGH-Urteil VII ZR 440/01 vom 19.12.2002
Urteil 11 W 25/08 des OLG Brandenburg vom 18.08.2009
Urteil 17 U 141/10 des OLG Köln vom 28.11.2011
Urteil 7 U 203/12 des KG Berlin vom 17.12.2013
Urteil 24 U 199/12 des OLG Köln vom 28.01.2014
Beschluss 11 U 70/13 des OLG Köln vom 27.10.2014
Beschluss 3 U 115/15 des OLG Köln vom 26.01.2016

Zusammenfassung 5

Gestörte Bauabläufe sind bei der Durchführung von Baumaßnahmen längst kein Einzelfall mehr. Da diese erhebliche zeitliche und finanzielle Folgen nach sich ziehen können, bedarf es einer sorgfältigen Bearbeitung der Thematik innerhalb eines Unternehmens.

Mit dem vorliegenden Werk erhalten mittelständische Unternehmen einen Leitfaden, der bei der zukünftigen Abwicklung von Bauablaufstörungen helfen kann. Gerade für die Geltendmachung von Mehrkostenansprüchen aufgrund auftraggeberseitig zu verantwortenden Störungen ist es wichtig, Anspruchsgrundlagen sorgfältig auszuwählen und die die Anspruchsvoraussetzungen erfüllenden Tatsachen im Einzelnen darzulegen, um wirtschaftlichen Nachteilen zu entgehen.

Hierfür stehen dem Auftragnehmer drei Möglichkeiten zur Verfügung. Kommt es zu den Bauablauf oder die Bauzeit betreffenden Anordnungen durch den Auftraggeber können Vergütungsansprüche infolge der modifizierten Leistung beansprucht werden. Außerdem kann der Auftragnehmer bei einer schuldhaften Pflichtverletzung des Auftraggebers Schadensersatz und bei einer vom Auftraggeber unterlassenen Mitwirkungshandlung Entschädigung geltend machen.

Gerade in den letzten beiden Fällen ist eine vollständige und nachvollziehbare Dokumentation wichtig, damit eine von der Rechtsprechung geforderte konkrete und bauablaufbezogene Darstellung der jeweiligen Behinderung möglich ist. Auch erfahrene Baubetriebler können sonst nur unter hohem Aufwand und unter Zugriff auf Kalkulationsdaten Ansprüche auf abstrakter Basis aufbauen, wodurch die rechtlichen Anforderungen nicht mehr erfüllt werden.

Die Arbeitsanweisung aus Kap. 4 hilft diesen Anforderungen gerecht zu werden und kann Schritt für Schritt abgearbeitet werden, um Streitigkeiten bei der Darstellung zu vermeiden. Zudem müssen die anspruchsbegründenden Tatsachen, die ein Handeln des Auftragnehmers voraussetzen, vorgenommen werden. Hierzu zählt beispielsweise die Behinderungsanzeige, die bei den Entschädigungsansprüchen mit vergütungsähnlichem

© Der/die Herausgeber bzw. der/die Autor(en), exklusiv lizenziert durch Springer Fachmedien Wiesbaden GmbH, ein Teil von Springer Nature 2020
S. Ahting, *Nachtragsmanagement bei gestörten Bauabläufen*, https://doi.org/10.1007/978-3-658-30515-4_5

Charakter genauso vorliegen muss wie bei einem Schadensersatzanspruch. Ebenso muss der Auftraggeber durch ein permanentes Leistungsangebot in Annahmeverzug gesetzt werden.

Bei der Berechnung der entstehenden Mehrkosten durch die Störung muss differenziert werden, ob die Urkalkulation fortgeschrieben wird (Vergütung/Entschädigung) oder tatsächliche Kosten (Schadensersatz) in Betracht kommen. Der Unterschied in der Berechnungsweise zwischen der Entschädigung und dem Schadensersatz kann bei ein und derselben Ursache zu beachtlichen Differenzen führen. Dies birgt ein hohes Maß an Streitpotenzial. Eine baubetrieblich praxisnahe Lösung wäre es, Vergütungs-, Schadensersatz- und Entschädigungsansprüche auf eine einheitliche rechtliche Grundlage zu bringen, damit die Höhe des Anspruches in definierte Bahnen gelenkt wird.

Vorstehend wurden drei Bereiche gezielt bearbeitet. Zum einen wird die klassische Unterbrechung der Arbeiten mit totalem Stillstand thematisiert und zum anderen die Bindefristverlängerung betrachtet, die sich noch vor dem eigentlichen Vertragsschluss ergibt. Dabei sind die vorvertraglich entstehenden Kosten sehr umstritten. Eine höchstrichterliche Entscheidung zu diesem Thema steht noch aus und wird von Baubetrieblern mit Spannung erwartet. Im dritten Fall wurde die Beschleunigung im Rahmen einer auftraggeberseitigen Anordnung erarbeitet.

Bei allen drei Störungen ergeben sich Mehrkosten im Lohnbereich, bei Nachunternehmern und Baustoffen. Außerdem müssen die Baustellengemeinkosten und die Allgemeinen Geschäftskosten angepasst werden, um eine Unterdeckung zu vermeiden. Eine große Rolle spielen etwaige Verschiebungen von Teilleistungen oder gesamten Abschnitten in spätere Zeiträume, wenn vermehrt in den Wintermonaten gearbeitet werden muss. Bei der Berechnung der Mehrkosten aus einer Beschleunigung spielen zudem Minderleistungen beim Personal eine große Rolle, da sich durch übergroße Kolonnen und Überstunden Unproduktivitäten einstellen. Nicht zu vergessen sind Kosten, die allein durch die Bearbeitung der Störung bzw. des daraus resultierenden Nachtrags entstehen. Diese können sowohl intern als auch extern anfallen, wenn z. B. Gutachten eingeholt werden.

Der entwickelte Leitfaden aus den Abschn. 3.3 und 3.4 arbeitet all diese Punkte übersichtlich und für Dritte nachvollziehbar chronologisch ab und stellt die in den einzelnen Kostenpunkten entstehenden Mehrkosten detailliert auf.

Für die Durchsetzung der eigenen Ansprüche ist es jederzeit wichtig, diese zu visualisieren, damit die oftmals theoretischen fachspezifischen Erläuterungen eine bildliche Unterstützung erfahren. Geeignete Methoden hierfür sind Diagramme, Tabellen und Grafiken, wie sie in den einzelnen Kapiteln beschrieben wurden. Abbildungen können helfen, dem Auftraggeber darzustellen, dass dem eigenen Unternehmen konkrete Schäden oder Ausfälle bzw. Mehrkosten entstanden sind und, darüber hinaus, Streitfälle außergerichtlich zu klären und ein Bewusstsein beim Auftraggeber fördern, dass die Mehrkostenansprüche gerechtfertigt sind.

Die außergerichtliche Einigung sollte bei Verhandlungen über die Mehrkostenansprüche immer im Vordergrund stehen, da die rechtlichen Anforderungen an den
Nachweis der einzelnen Voraussetzungen zum Teil sehr hoch sind und dementsprechend
der Nachweis nur schwer zu führen ist.

Glossar

Allgemeine Geschäftskosten (AGK) Unter den Allgemeinen Geschäftskosten werden die Kosten verstanden, die in einem Bauunternehmen nicht durch ein bestimmtes Bauvorhaben, sondern durch den Betrieb des Unternehmens (z. B. Verwaltung) entstehen.

Baustellengemeinkosten (BGK) Als Baustellengemeinkosten zählen alle Kosten, die zwar einem konkreten Bauvorhaben zugeordnet werden können, sich jedoch innerhalb des Auftrags keiner Teilleistung des Leistungsverzeichnisses zuordnen lassen. Dies sind etwa der Bauleiter sowie Anschlüsse für Strom und Wasser.

Bauzeitenplan Der Bauzeitenplan dient als Terminplan und zur Verfolgung des Bauablaufes. Er soll einen Überblick über abgeschlossene, laufende und zukünftige Vorgänge auf der Baustelle liefern. Zudem dient er zur Kontrolle und dem Ziel, den Fertigstellungstermin einzuhalten.

Bindefrist Die Bindefrist ist die Frist für ein Unternehmen, bis zu welcher sich dieses an sein abgegebenes Angebot bindet. Im Normalfall wird vor dem Ablauf dieser Frist der Auftrag erteilt. Kommt es während der Vergabe zu Störungen, wird das Unternehmen zu einer Bindefristverlängerung aufgefordert.

Einzelkosten der Teilleistungen Dies sind die Kosten für die einzelnen Positionen des Leistungsverzeichnisses, die im Rahmen der Kalkulation berechnet werden. Nach einer Addition aller Einzelkosten ergeben sich die reinen Kosten, also die Summe der Einzelkosten der Teilleistungen, die eine Realisierung kosten würde. (Hinzu kommen Zuschläge für AGK und BGK).

Erfüllungsgehilfen Als Erfüllungsgehilfen des Auftraggebers sind alle Sonderfachleute (wie z. B. Architekten, Ingenieure, Gutachter, etc.) zu nennen, deren Hilfe sich der Auftraggeber zur Erfüllung eigener Verbindlichkeiten gegenüber dem Auftragnehmer bedient.

Gemeinkosten Unter den Gemeinkosten werden meistens AGK und BGK zusammengefasst.

© Der/die Herausgeber bzw. der/die Autor(en), exklusiv lizenziert durch Springer Fachmedien Wiesbaden GmbH, ein Teil von Springer Nature 2020
S. Ahting, *Nachtragsmanagement bei gestörten Bauabläufen*,
https://doi.org/10.1007/978-3-658-30515-4

Ist-Leistung/-zustand Das „Ist" beschreibt die tatsächliche Leistung, bzw. den tatsächlichen Zustand, losgelöst vom Plan.

Kalkulation (Urkalkulation) Die Kalkulation ist die Berechnung. Im Bauwesen wird das zu errichtende Objekt im Vorfeld anhand der Positionen im Leistungsverzeichnis durchgerechnet, wodurch sich der Angebotspreis bestimmt. Die Urkalkulation ist die Version der Kalkulation die mit Abgabe des Angebotes (verschlossen und versiegelt) an den Auftraggeber überlassen wird.

Kritischer Weg Der kritische Weg beschreibt bei verknüpften Bauabläufen im Terminplan den Weg vom Anfang zum Ende eines Projektes, auf dem die wenigsten Zeitpuffer vorhanden sind.

Nachtrag Unter einem Nachtrag versteht sich eine Mehr- oder Mindervergütung durch eine im Sinne des § 2 Nr. 5/Nr. 6 VOB/B geänderte oder zusätzliche Leistung in Bezug zum Hauptvertrag.
Ebenso können Schadensersatz- oder Entschädigungsansprüche nachträglich geltend gemacht werden.

Puffer (-zeiten) Als Puffer werden Zeiträume im Bauzeitenplan bezeichnet, die vom Bauunternehmen im Rahmen der Kalkulation als Zeitreserve eingeplant werden. Sie dienen zur Abfangung von Problemen, die durch außerplanmäßige Situationen entstehen.

Schlechtwetterzeit Die Schlechtwetterzeit ist der Zeitraum vom 01. Dezember bis zum 31. März. In dieser Zeit werden Lohnausfälle durch witterungsbedingte Arbeitsausfälle größtenteils durch Lohnersatzleistungen der deutschen Arbeitslosenversicherung kompensiert.

Soll-Leistung/-zustand Im „Soll" befindet sich Leistungen oder Zustände, wenn sie planmäßig ablaufen.

Treu und Glauben Der Grundsatz von Treu und Glauben entstammt dem Rechtswesen und bezeichnet das anständige und redliche Handeln eines Menschen. Im deutschen Recht.

VOB Die „Vergabe und Vertragsordnung für Bauleistungen" ist ein Regelwerk, welches dem Interessenausgleich der am Bau Beteiligten (Bauherr und Unternehmer) dienen soll. Sie besteht aus drei Teilen. Teil A regelt die Vergabe, Teil B die Ausführung von Bauleistungen und Teil C enthält technische Vertragsbedingungen. Öffentliche Auftraggeber sind verpflichtet, die VOB anzuwenden.

Wagnis und Gewinn (WuG) Wagnis und Gewinn werden im Rahmen der Kalkulation oftmals zusammen betrachtet und über einen prozentualen Zuschlag auf die Einzelkosten der Teilleistungen geschlagen. Wagnis beschreibt dabei das allgemeine Risiko Kapital oder Aufwand in ein Unternehmen oder Projekt zu investieren. Gewinn ist der Überschuss der Erträge gegenüber den Aufwendungen.

Zulage (auch U-Zulage) Die Zulage beschreibt den prozentualen Zuschlag der Allgemeinen Geschäftskosten, der Baustellengemeinkosten sowie von Wagnis und Gewinn auf die Einzelkosten der Teilleistungen.

Stichwortverzeichnis

© Der/die Herausgeber bzw. der/die Autor(en), exklusiv lizenziert durch Springer
Fachmedien Wiesbaden GmbH, ein Teil von Springer Nature 2020
S. Ahting, *Nachtragsmanagement bei gestörten Bauabläufen,*
https://doi.org/10.1007/978-3-658-30515-4

Printed in the United States
By Bookmasters